高等职业教育新目录新专标
电子与信息大类教材

区块链部署与运维

武春岭　卢建云　主　编
陶亚辉　智谷星图　李　腾　副主编
　　　　　　杨天若　主　审

电子工业出版社
Publishing House of Electronics Industry
北京·BEIJING

内 容 简 介

本书力图系统、详细和通俗地介绍区块链部署与运维技术，目的是推动区块链技术应用专业的教学、研究和应用。本书以区块链基础、区块链平台、区块链平台部署、区块链平台监控为主线，内容涵盖区块链的基本概念、运行原理、数据结构、以太坊平台、FISCO BCOS、智能合约、区块链网络通信、区块链平台维护和监控等。本书在系统介绍区块链理论知识的基础上，结合丰富的案例进行操作实践的讲解，力求使读者在实践中深入理解区块链技术，具备主流区块链平台的部署与运维能力。本书对接区块链技术相关的国家职业技能标准要求，同时编者与区块链一流企业合作开发，建立教材资源动态更新机制。

本书可作为高等职业院校区块链技术应用专业及区块链相近专业的教材，也可作为区块链技术爱好者的参考用书。

未经许可，不得以任何方式复制或抄袭本书之部分或全部内容。
版权所有，侵权必究。

图书在版编目（CIP）数据

区块链部署与运维/武春岭，卢建云主编. —北京：电子工业出版社，2023.6
ISBN 978-7-121-45849-1

Ⅰ.①区… Ⅱ.①武… ②卢… Ⅲ.①区块链技术 Ⅳ.①TP311.135.9

中国国家版本馆 CIP 数据核字（2023）第 115566 号

责任编辑：左　雅
印　　刷：三河市君旺印务有限公司
装　　订：三河市君旺印务有限公司
出版发行：电子工业出版社
　　　　　北京市海淀区万寿路 173 信箱　邮编：100036
开　　本：787×1092　1/16　　印张：12　　字数：307 千字
版　　次：2023 年 6 月第 1 版
印　　次：2025 年 2 月第 4 次印刷
定　　价：45.00 元

凡所购买电子工业出版社图书有缺损问题，请向购买书店调换。若书店售缺，请与本社发行部联系，联系及邮购电话：(010) 88254888，88258888。
质量投诉请发邮件至 zlts@phei.com.cn，盗版侵权举报请发邮件至 dbqq@phei.com.cn。
本书咨询联系方式：(010) 88254580 或 zuoya@phei.com.cn。

前　言

区块链作为一种交叉的、综合性的技术，能够在陌生的环境中建立信任机制，颠覆了人们对传统技术的理解。区块链与物联网、大数据、云计算、5G通信、人工智能等新一代信息技术的融合创新发展正在重塑我们的社会、经济和认知。区块链本身的去中心化、不可篡改、可追溯、集体维护、公开透明等特点，被认为在金融、征信、经济贸易结算、资产管理等众多方面拥有广阔的应用前景。区块链技术目前尚处于快速发展的初级阶段，现有区块链系统的设计和实现利用了分布式系统、密码学、共识算法、网络协议等学科知识，多学科的综合知识给区块链学习带来了很多困难。

近年来，高等职业教育专业目录中设置了区块链技术应用、区块链技术专业，但目前特别缺乏针对职业教育区块链技术应用专业的教材。本教材是结合国家区块链应用操作员职业技能标准和"岗课赛证"的理念而编写的。本教材聚焦区块链平台的运维技术，希望在不深入探讨区块链底层原理和算法的情况下，能够让读者通过实践理解和掌握区块链技术。

本书由重庆电子工程职业学院武春岭、卢建云担任主编，常州信息职业技术学院陶亚辉、智谷星图公司、重庆电子工程职业学院李腾担任副主编，海南大学杨天若（加拿大工程院院士、加拿大工程研究院院士、欧洲科学院院士）担任主审。具体分工：单元1由武春岭编写，介绍区块链基础知识，讨论区块链技术的概念、特性、技术架构和典型应用；单元2由卢建云编写，介绍区块链数据结构构建，包括区块结构、Merkle树和区块数据存储；单元3由智谷星图公司编写，介绍以太坊、以太坊客户端和以太坊开发环境；单元4由智谷星图公司编写，介绍区块链平台部署，包括平台的背景、平台网络部署和平台的网络维护；单元5由卢建云编写，介绍智能合约应用；单元6由卢建云编写，介绍区块链网络通信，包括网络通信模型、RPC协议和P2P网络搭建；单元7由智谷星图公司编写，介绍区块链平台维护，包括FISCO BCOS平台和Hyperledger Fabric管理工具；单元8由李腾编写，介绍区块链平台监控相关内容。

区块链是一门涉及多学科交叉的技术。编者深知要编写一本合适的教材并非易事，但希望本书通过聚焦区块链部署与运维技术为读者学习区块链带来帮助。然而，由于时间和水平的限制，书中难免有疏漏之处，还望读者批评指正。

编　者
2023年5月

目　　录

单元 1　区块链漫游 ·· 1

　　任务 1.1　认识区块链 ·· 1
　　　　1.1.1　区块链概念 ··· 1
　　　　1.1.2　区块链特性 ··· 2
　　　　1.1.3　区块链由来 ··· 3
　　　　1.1.4　区块链发展里程碑 ··· 4
　　　　1.1.5　区块链发展机遇与挑战 ··· 5
　　　　1.1.6　区块链如何助力"新基建" ·· 9
　　任务 1.2　区块链分类 ·· 13
　　　　1.2.1　区块链的三种类型 ··· 13
　　　　1.2.2　超级账本应用 ·· 16
　　任务 1.3　区块链应用 ·· 18
　　　　1.3.1　区块链应用价值 ·· 18
　　　　1.3.2　区块链应用场景 ·· 19
　　　　1.3.3　供应链金融业务应用实践 ·· 31

单元 2　区块链数据结构构建 ·· 35

　　任务 2.1　创建区块 ··· 35
　　　　2.1.1　区块账本 ·· 35
　　　　2.1.2　区块结构 ·· 36
　　　　2.1.3　创世区块 ·· 37
　　　　2.1.4　编码创建区块 ·· 38
　　任务 2.2　生成 Merkle 树 ··· 40
　　　　2.2.1　Merkle 树基础知识 ··· 41
　　　　2.2.2　Merkle 树生成实现 ··· 42
　　任务 2.3　LevelDB 数据存取 ·· 46
　　　　2.3.1　账本存储 ·· 46
　　　　2.3.2　LevelDB ··· 46
　　　　2.3.3　编码实现 LevelDB 数据存取 ··· 48

单元 3　以太坊初探 ····· 51

任务 3.1　认识以太坊 ····· 51
- 3.1.1　以太坊平台 ····· 51
- 3.1.2　以太坊账号交易 ····· 52
- 3.1.3　智能合约 ····· 54
- 3.1.4　编程实现智能合约 ····· 54

任务 3.2　使用以太坊客户端 ····· 57
- 3.2.1　什么是终端 ····· 57
- 3.2.2　什么是以太坊客户端 ····· 59
- 3.2.3　什么是 Geth ····· 59
- 3.2.4　Geth 应用实践 ····· 60

任务 3.3　搭建以太坊开发环境 ····· 62
- 3.3.1　什么是 Remix ····· 62
- 3.3.2　Remix 界面 ····· 63
- 3.3.3　在 Remix 中部署智能合约 ····· 64

单元 4　区块链平台部署 ····· 73

任务 4.1　初识 FISCO BCOS ····· 73
- 4.1.1　FISCO BCOS 背景 ····· 73
- 4.1.2　FISCO BCOS 简介 ····· 75

任务 4.2　FISCO BCOS 网络部署 ····· 76
- 4.2.1　FISCO BCOS 部署工具 ····· 76
- 4.2.2　FISCO BCOS 网络搭建 ····· 79
- 4.2.3　搭建单群组 FISCO BCOS 联盟链 ····· 81

任务 4.3　FISCO BCOS 网络管理 ····· 88
- 4.3.1　FISCO BCOS 证书机制 ····· 88
- 4.3.2　FISCO BCOS 证书管理 ····· 89
- 4.3.3　FISCO BCOS 账号管理 ····· 94

单元 5　智能合约应用 ····· 98

任务 5.1　部署智能合约 ····· 98
- 5.1.1　智能合约基本概念 ····· 98
- 5.1.2　Solidity 基本数据类型 ····· 100
- 5.1.3　认识 Solidity 程序 ····· 101
- 5.1.4　部署智能合约 ····· 101

任务 5.2　调用智能合约 ····· 103
- 5.2.1　import 语法 ····· 103
- 5.2.2　导入智能合约 ····· 104

目 录

  5.2.3 调用智能合约 ·· 105

单元 6 区块链网络通信 ·· 110

 任务 6.1 认识网络通信模型 ·· 110
 任务 6.2 使用 RPC 协议 ··· 113
  6.2.1 RPC 协议 ·· 113
  6.2.2 FISCO BCOS 的 RPC 模块 ·· 114
  6.2.3 FISCO BCOS 的 RPC 模块的简单命令 ·· 115
 任务 6.3 搭建 P2P 网络 ·· 118
  6.3.1 P2P 网络通信 ··· 118
  6.3.2 FISCO BCOS 的网络传输协议 ··· 118
  6.3.3 FISCO BCOS 节点的通信设置 ··· 120
  6.3.4 添加新节点 ·· 120

单元 7 区块链平台维护 ·· 124

 任务 7.1 区块链管理工具 ··· 124
  7.1.1 FISCO BCOS 管理工具 ·· 124
  7.1.2 Hyperledger Fabric 管理工具安装与配置 ··· 130
  7.1.3 搭建 Fabric 基本环境 ·· 134
 任务 7.2 配置区块链日志 ··· 144
  7.2.1 FISCO BCOS 日志管理与配置方法 ·· 145
  7.2.2 Hyperledger Fabric 日志管理与配置方法 ··· 147
  7.2.3 配置日志功能 ··· 149
 任务 7.3 设置区块链访问权限 ·· 151
  7.3.1 FISCO BCOS 权限配置方法 ··· 151
  7.3.2 Hyperledger Fabric 权限配置方法 ··· 152
  7.3.3 权限配置操作 ··· 153

单元 8 区块链平台监控 ·· 161

 任务 8.1 使用区块链监控工具 ·· 161
  8.1.1 区块链浏览器概念 ·· 161
  8.1.2 配置区块链浏览器 ·· 162
  8.1.3 Hyperledger Fabric 监控工具的安装与使用 ··· 167
  8.1.4 部署智能合约并在区块链浏览器中查看 ··· 174
 任务 8.2 监控区块链网络 ··· 178
  8.2.1 FISCO BCOS 浏览器区块链网络状态检查方法 ··································· 178
  8.2.2 Hyperledger Explorer 区块链网络状态检查方法 ·································· 180

单元1　区块链漫游

学习目标

通过本单元的学习，使学生能够掌握区块链的概念、特性及分类，了解区块链的由来及发展里程碑，熟悉区块链的三种类型及应用场景。

任务1.1　认识区块链

任务情景

【任务场景】

随着"新基建"的谋划布局和国家产业结构的调整，新产业、新业态、新模式亟待开拓，区块链需进行相应的产业变革和升级，不断扩大应用范围，逐步实现技术与产业的深度融合与创新发展，从而达到区块链与"新基建"的融合集成应用，构建数字经济高质量创新发展。那么，区块链与"新基建"有什关系？区块链如何助力"新基建"？

【任务布置】

（1）学习区块链概念。
（2）学习区块链特性。
（3）学习区块链由来。
（4）学习区块链发展里程碑。
（5）学习区块链发展机遇与挑战。
（6）学习区块链如何助力"新基建"。

知识准备

1.1.1　区块链概念

2008年10月31日，中本聪（Satoshi Nakamoto）发表一篇题为《比特币：一种点对点式的电子现金系统》的论文，标志着不需要交易双方互信就可以安全交易的点对点价值交换体系的诞生。区块链的概念是从比特币系统的结构中抽象出来的，本质上是一个分布式账本。

传统的记账方式大多基于中心化结构，具有绝对地位的特权节点独立记账，其他节点服从于特权节点的权威，从而达成集体共识，共同维护此中心化结构记账系统的稳定。然而，中心化结构存在中心节点作恶、中心节点负载过高等问题，无法保证绝对信任可靠。去中心化结构，也叫分布式结构，通过每个节点都执行记账任务来保证只要大于51%的节点是诚实的，那么记账结果一定是真实可靠的。

采用分布式结构的缺点在于账本信息的冗余程度较高，每个节点都需要独立维护一份账本，存储成本和计算成本都很高。同时分布式账本在节点记账权需要通过一定的规则进行分配，以保证系统不会出现恶性争夺或不顺从指挥等问题，这个规则称为共识机制。例如比特币中的共识机制为"工作量证明"（Proof of Work），通过与节点所拥有的算力成正比的概率轮流获取记账权，保障了比特币系统的稳定运行。

节点之间达成共识是通过P2P网络实现通信的，而不是通过传统中心化的服务器统一进行信息交换的。交换的信息包括刚刚产生的交易和已经打包为区块结构的交易。刚刚产生的交易通过"洪水算法"告知每个节点，而最近取得记账权的节点将其验证过合法性的交易列表打包为区块结构，并告知其他节点。所有节点对于这个新区块的合法性进行独立检查，如果符合要求，就将新区块放到所有合法区块的后面，通过链表式的结构连接起来，于是称为区块链。

总的来说，区块链是一种全新的融合型技术，存储上基于块链式数据结构，通信上基于点对点对等网络，架构上基于去中心化的分布式系统，交易上基于哈希算法与非对称加密技术，维护上基于共识机制。区块链作为一种多方共享的技术，融合了计算机科学、社会学、经济学、管理学等学科，实现了多个主体之间的分布式协作，构建了信任基础。

【课堂训练1-1】请简述区块链的概念。

1.1.2 区块链特性

区块链具有五大基本特性，分别是去中心化、不可篡改性、开放性、匿名性和自治性。下面详细阐述每个特性的含义。

1. 去中心化

去中心化是指众多节点均具有平等的地位，没有永久性的特权节点，只有临时主导记账的节点。无论是存储还是计算任务，都由全部节点分别独立承担，以信息冗余、处理复杂度增加等代价换取了系统的可靠性和稳定性。点对点的交易系统通过密码学等数学算法建立信任关系，不需要第三方进行信任背书，从而彻底改造了传统的中心化信任机制。

2. 不可篡改性

信息一经打包为区块并加入区块链的最长合法链，就永久地被记录在区块链上。从概率学角度分析，几乎没有篡改或者删除链上信息的可能，除非恶意节点超过51%，并集体作恶篡改数据库。通过区块链的巧妙设计，结合哈希算法、非对称加密等技术，衍生出应用潜力广泛的不可篡改特性，成了构建信任的重要基础。

3. 开放性

区块链系统是相对开放的。对于公有链，所有人都可以申请成为本区块链的一个节点。而对于联盟链和私有链，尽管需要经过一定的身份审核，但是一旦成为正式节点，所有的权利和义务均与其他节点平等，共同分享数据和接口。所有数据公开透明，查询内容真实可靠，应用开发规范清晰。

4. 匿名性

尽管区块链的所有数据是公开透明的，但是用户的隐私依然能够得到保护。区块链借鉴非对称加密技术中公私钥对的设计，将私钥作为用户的核心隐私，对外接收、发送转账只需暴露公钥，从而让交易对方无从获取其真实身份。另外，公私钥对可以无限次重复生成，一个用户可以拥有多个账号，这也为用户真实身份和交易信息的保护提供了保障。

5. 自治性

去中心化的结构导致区块链中节点的独立性很高，但是独立性不代表充分自由，不遵守区块链协议和规范的节点往往会受到惩罚。区块链通过全体节点协商一致的规则维护了区块链的安全性和稳定性，通过区块链社区的自行治理，不断完善规则，帮助区块链达成既定目标。

【课堂训练 1-2】区块链有几个特性？请简述每个特性的具体含义。

1.1.3 区块链由来

在遥远的旧石器时代，"货币"一开始是实物货币，如贝壳、金银等，因为它们具有稀缺性，因此可用于充当一般等价物。人们的记账方式也较为简单，普遍依靠死记硬背和心算。随着部落人数的增长和生产力的提高，开始出现生产剩余，人们就发明了用不同的符号来刻画记录和把场景画下来这两种方法记账。此后，结绳记事、书契等文字记录法，都是账本最初的形态。

后来，我们开始用纸币进行支付，比如 100 元面额的人民币的制作成本可能只有几毛钱，却能够换取价值 100 元的物品。这是因为有国家的信用背书，让人民相信这本来一文不值的纸币能够换 100 元的商品。

随着互联网的发展，我们从纸币过渡到记账货币。比如发工资只是在员工银行卡账号上做数字的加法、买衣服消费只是做减法，整个过程中都是银行在记账，且只有银行有记账权。但是这种记账方法仍然存在着信息不对称和信用问题。在 2008 年全球经济危机中，美国政府因为有记账权所以可以无限增发货币，将金融风险转嫁至其他国家。美联储可以为所欲为，通过无限量印钞来救市，也预示着在市场经济条件下法定货币信用的不确定性。

2008 年，比特币的创造者中本聪创建了一种新型支付体系：大家都有权利进行记账，货币不能超发，整个账本完全公开透明，十分公平，这就是比特币产生的原因和动机。

这种分布式账本可以完美解决以上记账方法的不足，它由一个甚至多个甚至无数个区块组成，假设每个区块代表账本的一页，区块可以无限增加，每个区块都会加密并盖上时间戳，按照时间顺序链接成一个总账本，由参与用户共同维护。区块链技术可以很好地解决信任成本问题，带来了一种智能化信任。与最初的账本不同的是，这种智能化信任是建立在区块链上的，而非由单个组织掌控，从而使公信可以被多方交叉验证与监督。

区块链的首次出现是在 2008 年的"比特币白皮书"《比特币：一种点对点的电子现金系统（*Bitcoin A Peer-to-Peer Electronic Cash System*）》中。中本聪在文中描述了比特币的概念及其工作机制。然而，中本聪在这篇文章中并未直接使用区块链（BlockChain）这个术语，中本聪将这项技术描述为，每个区块都包含关于事务的数据，所有区块都连接在一个链中。多年后，区块链成了这项技术的术语，但如上所述，中本聪从未这样称呼它。

区块链的整体技术发展需要依靠多种核心技术的整体突破，这些技术主要包括分布式存储、P2P 技术、非对称加密技术、共识机制等。

虽然中本聪是最早提出使用区块链记录比特币交易的人，但从技术上讲，这并不是区块链概念的开始。为此，我们必须追溯到 1991 年，在斯图尔特·哈伯（Stuart Haber）和斯科特·斯托内塔（W. Scott Stornetta）撰写的题为《如何在数字文档上加盖时间戳（*How to Time-Stamp a Digital Document*）》的一文中，第一次提出关于数据区块的加密保护链产品。文中，二人提出了加盖时间戳的数字文档的概念，以确保交易在某个时间"签署"。次年，哈伯和斯托内塔在每个"块"中应用了默克尔树（Merkle Tree），也称为哈希树（Hash Tree），来存储交易数据。

1996 年，剑桥大学的一位密码学家罗斯·安德森（Ross Anderson）在论文中描述了一个无法删除和篡改任何对系统所做的更新的分布式存储系统。在当时，这被认为是一篇关于开发更安全的点对点系统的革命性论文。2000 年，斯特凡·康斯特（Stefan Konst）发表了加密保护链的统一理论，该理论针对文件签名的匿名性和安全性提出了一整套实施方案。

区块链技术的一个重大突破发生在 2002 年，当时的密码学家大卫·马齐尔（David Mazières）和丹尼斯·莎莎（Dennis Shasha）提出了一个分散信任的网络文件系统。这是区块链技术的原型，这个文件系统的作者之间相互信任，而不是信任系统本身。他们使用 SHA256 加密或类似的哈希函数进行数字签名，提交并将其附加到默克尔树中的其他链中。

这些技术最终实现了信息的不可篡改性和在保密的前提下被更多人认证的区块链技术体系，并且开始在应用领域创造奇迹。其更为重要的应用价值是，可以使原本互不信任的各方借此迅速建立相互信任的合作关系。

【课堂训练 1-3】请简述区块链的由来。

1.1.4 区块链发展里程碑

区块链的发展经历了三个里程碑，分别是区块链 1.0、区块链 2.0 和区块链 3.0。下面详细介绍这三个里程碑。

1. 区块链 1.0：从比特币看区块链

区块链 1.0 是以比特币为代表的虚拟货币的时代，代表了虚拟货币的应用，包括其支付、流通等虚拟货币的职能，目标是实现货币的去中心化与数字货币交易支付功能。

比特币就是区块链 1.0 最典型的代表，区块链的发展得到了欧美等国家市场的接受，同时也催生了大量的货币交易平台，实现了货币的部分职能，能够进行货品交易。比特币勾勒了一个宏大的蓝图：未来的货币不再依赖于各国央行发行，而是进行全球化的货币统一。

虽然区块链 1.0 的蓝图很庞大，但是无法普及到其他行业中，因此区块链 1.0 只能满足虚拟货币的需要。区块链 1.0 时代也是虚拟货币的时代，也涌现出了大量的山寨货币等。

2. 区块链 2.0：以太坊与通证

区块链 2.0 是指智能合约。智能合约与货币相结合，为金融领域提供了更加广泛的应用场景。一个智能合约是一套以数字形式定义的承诺，合约参与方可以在上面执行这些承诺的协议。

区块链相对于金融场景有强大的天生优势。简单来说，如果银行进行跨国的转账，可能需要面对打通各种环境、货币兑换、转账操作、跨行问题等。而区块链实现的点对点操作，避免了第三方的介入，直接实现点对点的转账，提高了工作效率。

区块链 2.0 的代表是以太坊。以太坊是一个平台，它提供了各种模块让用户来搭建应用平台之上的应用，其实也就是合约，这是以太坊技术的核心。以太坊提供了一个强大的合约编程环境，通过合约的开发，以太坊实现了各种商业与非商业环境下的复杂逻辑。以太坊的核心与比特币系统本身是没有本质区别的，而以太坊是智能合约的全面实现，支持了合约编成，让区块链技术不仅仅是虚拟货币，而是提供了更多商业、非商业的应用场景。

3. 区块链 3.0：去中心化应用

区块链 3.0 是指区块链在金融行业之外各行业的应用场景，能够满足更加复杂的商业逻辑。区块链 3.0 被称为互联网技术之后的新一代技术创新，足以推动更大的产业改革。

区块链 3.0 涉及生活的方方面面，所以区块链 3.0 将更加具有实用性，赋能各行业，不再依赖于第三方或某机构获取信任与建立信用，能够通过实现信任的方式提高整体系统的工作效率。

换言之，区块链 1.0 是区块链技术的萌芽，区块链 2.0 是区块链在金融、智能合约方面的技术落地，而区块链 3.0 是为了解决各行各业的互信问题与实现数据传递安全性的技术落地。

【课堂训练 1-4】请简述区块链发展的三个里程碑。

1.1.5 区块链发展机遇与挑战

1. 发展机遇

随着区块链技术在全球各行业的迅猛发展，市场对专业人才的渴求剧增，人才供需失衡成了行业热点问题。前不久，中国电子学会《区块链技术人才培养标准》（以下简称《标准》）推出了区块链技术人才岗位群分布整理和学科培养内容体系建议，为未来全国范围的区块链技术人员的人才培养和能力测试做了纲领性引导。

据了解，区块链技术近两年来呈现爆发趋势，对人才的需求也急剧增长，从传统互联网行业流入的技术人才无法满足人才市场需求，造成了人才与需求的脱轨。市场上也出现形式多样的区块链技术培训，大量无主体、不规范的培训班在市场上显现，呈现人才培养伪速成的现象，成为区块链行业虚荣性泡沫中的一大问题。

由于区块链技术开发的核心是将现有技术应用到新的逻辑架构中进而实现新功能，所以区块链人才招募并非技术门槛高，而是同时拥有复合型技术知识和区块链实际开发经验的人才存量有限。事实上，目前区块链人才市场已整体降温，人才供需比趋于理性。据悉，目前行业逐渐回归理性，无论是薪资待遇还是岗位需求均有所下降。但是区块链人才仍然是稀缺的，主要表现为对区块链人才由量向质的需求转变，企业对区块链人才提出了更高的要求。区块链技术的各个模块需要多种专业领域知识。其中，数据结构为网络服务、数据存储、权限管理、共识机制、智能合约等模块共同需要，成为适应性最广的专业领域。

越来越多的区块链应用出现在我们的日常生活中，下面从金融服务、征信和权属管理、共享经济、国际贸易、数字版权这五个方面阐述区块链未来的发展方向和应用场景。

（1）金融服务。区块链技术能够在没有第三方信用背书的情况下降低交易成本，减少跨组织交易风险。全球不少银行、金融交易中心都在研究区块链技术，还有一些投资机构也在利用区块链技术降低管理成本、提高资金流动效率和降低管控风险。

（2）征信和权属管理。征信和权属的数字化管理是大型社交媒体平台和金融平台梦寐以求的。区块链被认为可以促进数据交易和流动，并提供安全可靠的支持。当然，征信行业的门槛比较高，需要多方资源的配合与推动。

（3）共享经济。以 Uber、滴滴、Airbnb 为代表的共享经济现有的模式将会受到去中心化应用的冲击，目前大的中心机构虽然提供了更可靠的服务和信用，但一旦中心化机构获得了垄断地位，其昂贵的费用不仅让服务提供方不满，服务的接收方也会颇有怨言。而去中心化应用可以降低信任成本，提高管理效率。这个领域主题相对集中，应用空间广泛，因此受到大量投资者的关注。而该领域的难点在于如何在用户体验上做到与中心化共享经济平台相媲美。

（4）国际贸易。区块链技术可以帮助简化自动化国际贸易和物流供应链领域中烦琐的手续和流程。基于区块链设计的国际贸易方案将会为参与的多方企业带来极大的便利。国际贸易中销售和法律合同的数字化、货物监控、货物溯源、货物检测、实时支付等方向都可能成为创业的突破口。

（5）数字版权。从本质上来说，区块链技术能够带来生产关系的变革，而数字资产是最容易通过区块链技术进行高效流转的。未来将会出现去中心化的音乐平台、电影平台、小说平台及其他一些数字版权平台，这些数字内容的作者可以将属于自己的音乐、影视、小说等的版权放在公开透明的去中心化数字版权平台上，只要有用户购买其版权作品，作者就可以实时地自动获得其版权收益，中间不需要通过平台来进行分发和抽取利润分成。

同时，我国十分重视区块链技术的发展和运用，不仅在中央决策层面有引导政策，在各地方也有产业支持的相关规定。

2016 年 12 月，国务院下发的《"十三五"国家信息化规划的通知》中首次将"区块链"作为战略性前沿技术写入规划。

2018 年 4 月，教育部发布《教育信息化 2.0 行动计划》，提出积极探索基于区块链、大数据等新技术的智能学习效果记录、转移、交换、认证等有效方式，形成泛在化、智能化学习体系，推进信息技术和智能技术深度融入教育教学全过程。

2018 年 6 月，网信办发布《区块链信息服务管理规定》，为区块链信息服务的提供、使用、管理等提供了有效的法律依据。

2018 年 6 月，工信部发布《工业互联网发展行动计划（2018—2020 年）》，鼓励推进区块链、边缘计算、深度学习等新兴前沿技术在工业互联网中的应用研究。

2019年10月24日，中共中央政治局就区块链技术发展现状和趋势进行第十八次集体学习，习近平总书记在主持学习时强调，要把区块链作为核心技术自主创新的重要突破口，明确主攻方向，加大投入力度，着力攻克一批关键核心技术，加快推动区块链技术和产业创新发展。区块链行业从业者将这一次习近平总书记的重要表述称为"1024讲话"，这次讲话深刻地改变了区块链行业，为区块链行业的发展带来了新动能。

2021年3月，十三届全国人大四次会议表决通过了《中华人民共和国国民经济和社会发展第十四个五年规划和2035年远景目标纲要》（以下简称"十四五"规划）。在区块链产业具体内容上，"十四五"规划提出：推动智能合约、共识算法、加密算法、分布式系统等区块链技术创新，以联盟链为重点发展区块链服务平台和金融科技、供应链管理、政务服务等领域应用方案，完善监管机制。

2. 未来挑战

区块链在未来发展过程中也面临着一些挑战，下面主要从安全、人才、观念、标准和法律等方面阐述区块链面临的挑战。

1）安全

区块链是基于密码学、点对点通信、共识算法、智能合约、顶层应用构建等技术的融合型技术，因此针对每个采用的技术，都存在一定的安全风险。

（1）密码学包括哈希算法、非对称加密等加密解密技术，一些密码学算法本身就存在漏洞。对于一些成熟的密码学算法，如比特币所采用的SHA-256算法和椭圆加密算法，尽管目前尚不存在破解方法，但是随着量子计算的不断发展，计算力的指数级提升可能会对所有现有密码学算法带来冲击。为此，应当继续探索对抗量子计算的量子密码学算法。同时，公私钥对的账号模式对私钥的安全性提出了挑战，传统钱包软件能否安全保护用户私钥还不可知，用户能否妥善保管私钥也是一大安全隐患。

（2）对于点对点通信网络，有五种常见攻击方式对区块链安全造成冲击。第一，日食攻击。日食攻击是通过建立大量的恶意连接来使得某个节点被孤立、被隔离在恶意网络中，恶意节点垄断此节点的输入和输出，诱骗其执行恶意节点的任务或者使其误以为已经发生转账从而盗取钱财。第二，分割攻击。攻击者利用边界网关协议（BGP）改变节点消息的路由途径，从而将整个区块链网络分割为两个或多个，待攻击结束后，区块链重新整合为一条链，其余链将被废弃，从而使攻击者选择将对自己最有利的部分变为最长链，实现"双重支付""恶意排除交易"等非法行为。第三，延迟攻击。攻击者通过边界网关协议控制对某些节点的新消息接受，从而延迟其挖矿监听的时间，使得矿工损失大量挖矿时间和算力。第四，DDoS攻击。攻击者通过发送大量恶意消息并且不进行握手确认，占用大量接收信息节点的计算存储资源和网络通信资源，从而使得区块链网络瘫痪。第五，交易延展性攻击。多数挖矿程序是用Openssl库校验用户签名的，而Openssl兼容多种编码格式，所以对签名进行微调依然是有效签名。攻击者通过微调签名并且使用不同的交易ID实现对同一笔交易的"双重支付"行为。

（3）针对共识算法层面，常见的攻击方式主要有两种。第一，51%攻击。51%攻击主要针对PoW算法，如果系统恶意节点掌握了超过51%的算力，那么大概率有能力控制最长合法链的强制选择，从而使得任何恶意交易都可以变得"合法"。第二，女巫攻击。攻击者通过单一节点生成大量假名节点，通过控制大量节点并谎称完全备份来获得与其实际资源不匹配的强大权利，并削弱冗余备份的作用。另外，还有短距离攻击、长距离攻击、币龄累计攻击和预计算攻击。

（4）针对智能合约层面，目前针对合约虚拟机的主要攻击方式有逃逸漏洞攻击、逻辑漏洞攻击、堆栈溢出漏洞攻击、资源滥用漏洞攻击。同时，针对智能合约的主要攻击方式有可重入攻击、调用深度攻击、交易顺序依赖攻击、时间戳依赖攻击、误操作异常攻击、整数溢出攻击和接口权限攻击等。

（5）针对应用层，主要是数字货币交易平台、区块链移动数字钱包App、网站、DAPP等存在管理漏洞和技术漏洞问题。

2）人才

从2008年区块链概念问世至今，区块链已经经过了十几年的飞速发展，但是由于时间有限，社会认知困难，人才储备一直不足。区块链领域往往需要复合型人才，因为区块链不单纯是一个技术问题，更是业务模式创新的问题，所以要求从业人员对业务模式也有深入的认识和分析。

根据《2018年区块链人才供需与发展研究报告》，真正具备区块链人才要求的人仅占总需求量的7%。《区块链白皮书（2019）》也提出，区块链技术是一门多学科跨领域的技术，包含了密码学、数学、金融、操作系统、网络通信、社会生产等，但是我国目前在交叉学科方面有待进一步发展。

3）观念

区块链的概念在普及过程中遇到很大阻力，有以下两点原因。

第一，区块链本身是一个多学科融合、应用场景较为复杂的技术，所以对大众的知识水平有较高的要求。现在区块链概念普及的重要工作方向是如何让大众形象、真切地感受区块链的社会价值。

第二，区块链在过去的"币圈"发展中给大众带来了很多负面印象。"币圈"在全世界范围产生了深远的影响，尽管正面作用突出，但是各类盗窃、诈骗、投机等乱象层出不穷，在大众心中树立了区块链并不可靠的负面形象。"币圈"仅仅是区块链领域的一部分，由于其发展时间较短、标准尚未统一等问题，一直处于野蛮增长阶段。相信在行业规范诞生后，"币圈"能够逐步拥抱实体经济，脱虚向实，成为实体经济的内在价值流转机制，为社会做出安全可靠的贡献。

4）标准

区块链行业由于发展时间较短，各个企业组织往往"自起炉灶"，架构、网络通信、密码学算法、共识机制等标准的不同为互联互通带来了极大的障碍，从而影响区块链产业的落地进程。

区块链行业的标准统一将有助于大众充分认识区块链，有助于监管部门的有效监督，有助于行业企业的高速发展，能大大减少"重复造轮子"等社会资源浪费现象。目前国家和行业企业都在积极进行区块链行业标准的探索与沟通，这有利于我国在区块链技术上的自主创新，加速区块链产业互联互通。

（5）法律

区块链行业一方面有待完善相关法律法规，另一方面要严格遵守反洗钱、限制 ICO 等法律的规范，处于一个谨慎发展的阶段。法律层面应该对区块链底层技术和上层应用进行完善的规范，从账号安全、资金安全、隐私安全、软件安全、业务安全、存储安全、计算安全等方面进行严格监管，避免技术风险和道德风险。同时，需要继续理性控制数字货币的监管问题，在保护大众的同时引领我国在数字货币、数字资产领域的快速发展。

【课堂训练 1-5】请简述区块链的发展机遇与挑战。

任务实施

1.1.6　区块链如何助力"新基建"

"新基建"将加速中国经济社会的数字化进程，"新基建"的应用需要新的信任机制作为纽带，而区块链是构建未来数字基建的信任基石，将推动信息互联网升级到价值互联网，加速数字基建的进程，迎来全新而广阔的数字时代。

1. 物联网

物联网（Internet of Things，IOT），是传统互联网和电信网深度结合的产物，实现了独立物品个体的万物互联。物联网技术在社会中已经被深度应用，未来将形成现实世界的数位化。物联网技术在物流与运输、供应链管理、供应链金融、工业信息化、智慧城市、自动无人驾驶等方面有着广阔的应用前景。

虽然物联网近年来的发展渐成规模，但在发展演进过程中仍存在诸多难以攻克和解决的问题。

在个人隐私方面，中心化的管理架构无法自证清白，个人隐私数据被泄露的事件时有发生。在扩展能力方面，目前的物联网数据流都汇总到单一的中心控制系统，随着未来物联网设备呈几何级数增长，中心化服务成本难以负担，物联网网络与业务平台需要新型的系统扩展方案。在网间协作方面，目前很多物联网都是运营商、企业内部的自组织网络，涉及跨多个运营商、多个对等主体之间的协作时，建立信用的成本很高。在设备安全方面，缺乏设备与设备之间相互信任的机制，所有的设备都需要和物联网中心的数据进行核对，一旦数据库崩塌，会对整个物联网造成很大的破坏。在通信协作方面，全球物联网平台缺少统一的技术标准、接口，使得多个物联网设备彼此之间通信受到阻碍，并产生多个竞争性的标准和平台。

区块链凭借"不可篡改""共识机制""去中心化"等特性，将对物联网产生重要的影响。

（1）降低成本：区块链"去中心化"的特质将降低中心化架构的高额运维成本。

（2）隐私保护：区块链中所有传输的数据都经过加密处理，用户的数据和隐私将更加安全。

（3）设备安全：身份权限管理和多方共识有助于识别非法节点，及时阻止恶意节点的接入和作恶。

（4）追本溯源：数据只要写入区块链就难以被篡改，依托链式结构有助于构建可证可溯的电子证据存证。

（5）网间协作：区块链的分布式架构和主体对等的特点有助于打破物联网现存的多个信息孤岛桎梏，以低成本建立互信，促进信息的横向流动和网间协作。

2. 大数据

2020年4月，国家发改委在例行新闻发布会上，首次明确了"新基建"的范围，区块链被首次正式提及，同时被提及的还有大数据、人工智能。大数据主要是通过海量的数据进行机器学习，通过数据分析协助做出各种决策。而区块链在产业中的应用，第一步就是数据信息上链。区块链和大数据都是针对数据进行相应的处理，两者的区别与联系又在哪里呢？

大数据更多的是对源数据进行清洗、治理，目的是为了通过分析历史数据得出规律，便于未来决策。区块链的本质是分布式存储、非对称加密、P2P网络等技术共同作用下的"技术组合"。"不可篡改"是由一组技术共同实现的，区块链在本质上不对数据进行任何加工处理，而是保证数据在区块链技术搭建的技术体系架构中可以进行真实记录，不被篡改。当然，"不可篡改"不等于"不能篡改"，根据不同的共识机制，当占用资源超过一定程度后，便可以进行篡改。例如，在POW的共识机制下，拥有超过50%的算力的一方，就可以篡改数据。

大数据与区块链之间虽然有诸多区别，但也可以进行结合，相互形成有利的补充，去解决应用场景中的技术问题，发挥一加一大于二的效果，二者的结合也必然是未来技术发展的趋势之一。

第一，区块链为大数据收集和需要处理的数据提供相对更为科学的存储方式，以及存储多种类型格式的数据包容性。结合区块链的其他技术特性，保证了源数据的真实性。此特性是除区块链技术之外，当前其他技术不具备的。

第二，在通过大数据技术进行机器学习与建模之前，一般都会进行数据挖掘、数据清洗、数据治理的工作，且通常会进行跨系统、跨地域、跨技术架构的数据收集。在对数据进行治理之时，数据库表结构、数据格式、数据的安全机制等各不相同，区块链是一个包容性很好的数据存储工具，通过分布式存储，统一数据规范，且不受数据格式的限制，同时还可以保证源数据的真实性。因此，区块链是一个非常好的打破数据孤岛，实现数据共享的工具。

第三，在数据安全方面，区块链可以更加动态化、精细化、低成本地实现对数据访问不同权限的设置。还可以通过相应的非对称加密技术，对数据进行"脱敏"处理或只允许"机读格式"，以方便对内部保密数据和外部数据同时进行机器学习和数据建模。

综上所述，比较来看，区块链在数据存储方面发挥了更大的作用，而大数据在数据分析方面更有优势。大数据与区块链是两种不同的技术，但二者在数据层上有很大的互补性。大数据与区块链技术的结合，可以更好地发挥数据价值，起到价值传输、价值转化的作用。

3. 人工智能

人工智能是一门基于大数据的交叉科学，应用最广的领域包括智能机器人、语音语义识别、图像图片识别等。除了对数据进行分析处理这一与大数据领域类似的应用，人工智能还包括各种智能终端硬件设备，这也是物联网信息采集基础设施的重要组成部分。人工智能终端设备可以更方便、及时地采集数据，但却无法解决跨个体、跨系统的信任问题。区块链的分布式账本、共识机制，甚至匿名性，都有助于建立一个信任体系。信任的环境有助于推动数据加快汇集，从而深化数据的应用，推动人工智能的发展。因此人工智能与区块链技术的结合也必将使二者互相促进。

在算力方面，人工智能对算力需求很大。人工智能终端设备普遍分散分布，每个终端设备在条件允许的情况下，都可以作为分布式的计算节点，可以通过区块链的技术架构来分享算力，为人工智能提供支持。贡献算力即挖矿，可以激励分散的计算节点来贡献空闲算力，参照区块链中获得区块打包权的方式，将计算任务拆解分配给多个计算节点。

在算法方面，当需要算法保密或完全以私密的方式进行时，区块链的匿名性将发挥很大的作用。非对称加密技术保证了传输过程中的安全，方便分布式、多方同时提供数据训练模型。

由此可见，区块链与人工智能在底层技术方面也有诸多互补性，在不同的应用场景中，应当选择合适的方式将二者结合起来，使得二者的价值得到充分发挥，更好地解决应用场景与实际业务中的问题。

4. 云计算

区块链的本质就是分布式账本和智能合约。分布式账本是一个独特的数据库，这个数据库像网络一样，所有人都使用区块链就会建立一个生态系统。个人的分布式账本利用数学及密码学，可以永远记住固定序列，事实内容不会被篡改。而智能合约是交易双方互相联系来约定规则的，谁都不能更改。

从定义上看，云计算是按需分配，区块链是构建了一个信任体系，二者好像没什么直接关系。但是区块链本身就是一种资源，有按需供给的需求，是云计算的一个组成部分，云计算的技术和区块链的技术之间是可以互相融合的。

从宏观上来看，利用云计算已有的基础服务设施或根据实际需求做相应改变，实现开发应用流程加速，满足未来区块链生态系统中初创企业、学术机构、开源机构、联盟和金融等机构对区块链应用的需求。对于云计算来说，"可信、可靠、可控制"被认为是云计算发展必须要翻越的三座大山，而区块链技术以去中心化、匿名性，以及数据不可篡改为主要特征，这与云计算的长期发展目标不谋而合。

从存储上看，云计算的存储和区块链内的存储是由普通存储介质组成的。而区块链里的存储是链里各节点的存储空间，区块链里存储的价值不在于存储本身，而在于相互链接不可更改的块，是一种特殊的存储服务。云计算里确实也需要这样的存储服务，比如结合"平安城市"，将数据放在这种类型的存储里，利用不可篡改性，让视频、语音、文件等作为公认有效的法律依据。

从安全性上看，云计算里的安全主要是确保应用能够安全、稳定、可靠地运行。而区块链内的安全是确保每个数据块不被篡改，数据块的记录内容不被没有私钥的用户读取。利用这一点，如果把云计算和基于区块链的安全存储产品结合，就能设计出加密存储设备。

许多区块链支持者认为其运作模式最适合云端。关于这个命题的想法是，虽然云计算本身是分布式和容错的，但仍然使用集中式方法来运行，中央实体负责云计算。由于在整个云"网络"中建立了多个数据库，区块链的分散性将提供更多的自主操作和更高级别的数据安全性。

堆积于区块链的云的一个限制是，由于分散化的结构，需要更高的安全性来控制节点间通信，从而需要使用高度安全的传输协议。而这些协议将会增加对物理和计算资源的需求，这可能使区块链交易比当今基于云计算的操作成本更加高昂。

区块链开发是一种比较新的方法，其发展似乎提供了潜在的发展和实施的安全性，其核心价值已经开始被金融机构所接受，一些大型银行已经开展了自己的试点项目。尽管其提供了分散环境和自动化各种数据中心功能的潜力，但这些功能在很大程度上仍然是投机性的。在不久的将来，寻求开发和实现自己的区块链应用的用户似乎属于主要云提供商的范围。区块链仍然处于发展的早期阶段，而这种应用开发的方法将具有一个扩展的成熟过程。

2018年初，Facebook CEO 扎克伯格宣布探索加密技术和虚拟加密货币技术，国外的卫轩、亚马逊、谷歌、IBM 等也相继入场，国内的腾讯、京东、阿里巴巴等互联网巨头也都接连宣布涉足区块链，迅雷更是通过提前布局云计算与区块链实现了企业的转型与业务的快速增长。

布局 BaaS 领域的公司基本上都是大型的云计算服务商。在云的基础上，提供区块链技术主要基于三个方面：成本效率、因公生态、安全隐私。对于云服务商来说，一切硬件设施和基础架构都是现成的，降低 IT 成本已成为必然趋势，引入像区块链这样的新技术至关重要。其中以联盟链为代表的区块链企业平台，需要利用云设施完善区块链生态平台；以公有链为代表的区块链，则需要为去中心化应用提供稳定可靠的云计算平台。

任务评价

填写任务评价表，如表 1-1 所示。

表 1-1 任务评价表

工作任务清单	完成情况
学习区块链概念	
学习区块链特性	
学习区块链由来	
学习区块链发展里程碑	
学习区块链发展机遇与挑战	
学习区块链如何助力"新基建"	

任务拓展

【拓展训练 1-1】什么是比特币？比特币与区块链之间有什么关系？请简述比特币的工作原理。

任务 1.2　区块链分类

任务情境

【任务场景】

区块链包含三种类型：公有链、联盟链和私有链。其中，联盟链的网络范围介于公有链和私有链之间，通常使用在多个成员角色的环境中，比如银行之间的支付结算、企业之间的物流等。这些场景往往都是由不同权限的成员参与的，与私有链一样，联盟链系统一般也是具有身份认证和权限设置的，而且节点的数量往往也是确定的，适用于企业或机构之间的事务处理。联盟链并不一定要完全管控，如政务系统，有些数据可以对外公开，就可以部分开放出来。那么，如何实现联盟链？它的技术解决方案是什么？

【任务布置】

（1）学习区块链的分类。
（2）学习联盟链技术解决方案（超级账本）。

知识准备

使用区块链技术的根本目的是解决效率和信任问题，由于不同场景下的应用对象不同，因而开放程度、应用范围也存在差异。根据开放程度的不同，一般按照准入机制可将区块链分为公有链（Public Blockchain）、联盟链（Consortium Blockchain）和私有链（Private Blockchain）。

1.2.1　区块链的三种类型

1. 公有链

公有链对外公开，用户不用注册便能参与，能自由访问区块链上的所有信息。公有链是真正意义上的完全去中心化的区块链，通过密码学保证信息不被篡改，通过经济学上的激励，在匿名的 P2P 网络中达成共识，从而形成去中心化的区块链。

公有链是最早出现的区块链，也是应用最广泛的区块链，绝大部分虚拟数字货币均基于公有链，世界上有且仅有一条该币种对应的区块链。作为中心化或准中心化信任的替代物，公有链的安全由共识机制来维护——共识机制可以采取 PoW 或 PoS 等方式，将经济奖励和加密算法验证结合起来，并遵循着一般原则：每个人从中可获得的经济奖励与对共识过程做出的贡献成正比。

公有链通常也称为非许可链（Permissionless Blockchain），如比特币和以太坊等都是公有链。公有链一般适合于虚拟货币、面向大宗的电子商务、互联网金融等 B2C、C2C 或 C2B 等应用场景。

在公有链中，程序开发者无权干涉用户，所以区块链可以保护使用他们开发程序的用户。从传统的经济学角度来看，的确难以理解为何程序开发者会愿意放弃自己的权限，然而，随着互联网崛起，协作共享的经济模式为此提供了两个理由：首先，如果你明确地选择做一些很难或者不可能的事情，其他人会更容易信任你并与你产生互动，因为他们相信那些事情不大可能发生在自己身上；其次，如果你是受他人或其他外界因素的强迫，无法去做自己想做的事，你大可用"即使我想，我也没有权力去做"的话语作为谈判筹码，这样可以劝阻对方不要强迫你去做不情愿的事。程序开发者们所面临的压力或者风险主要来自于政府，所以说"审查阻力"便是公有链最大的优势。

公有链具有如下特点。

（1）所有交易数据公开、透明。虽然公有链上的所有节点是匿名（"非实名"）加入网络的，但任何节点都可以查看其他节点的账号余额及交易活动。

（2）无法篡改。公有链是高度去中心化的分布式账本，篡改交易数据几乎不可能实现，除非篡改者控制了全网 51%的算力，以及需要巨额的运作资金。

（3）低吞吐量。高度去中心化和低吞吐量是公有链不得不面对的两难问题，例如最成熟的公有链——比特币区块链，每秒只能处理 7 笔交易信息（按照每笔交易大小为 250 字节估算），高峰期能处理的交易笔数就更低。

（4）交易速度缓慢。低吞吐量必然带来缓慢的交易速度。比特币网络极度拥堵，有时一笔交易需要几天才能处理完毕，还需要缴纳转账费。

2. 联盟链

联盟链是指其共识过程受到预选节点控制的区块链，由某个群体内部指定多个预选的节点为"记账人"，每个块的生成由所有的预选节点共同决定（预选节点参与共识过程），其他接入节点可以参与交易，但不过问记账过程（本质上还是托管记账，只是变成分布式记账，每个块的记账人成为该区块链的主要风险点），其他任何人可以通过该区块链开放的 API 进行限定查询。这些区块链可视为部分去中心化。

联盟链仅限于联盟成员参与，区块链上的读写权限参与记账权限按联盟规则来制定。由 40 多家银行参与的区块链联盟 R3 和 Linux 基金会支持的超级账本项目都属于联盟链架构。联盟链是一种需要注册许可的区块链，其共识过程由预先选好的节点控制。一般来说，它适合于机构间的交易、结算或清算等 B2B 场景，如在银行间进行支付、结算、清算的系统就可以采用联盟链的形式将各家银行的网关节点作为记账节点，当网络上有超过 2/3 的节点确认一个区块，该区块记录的交易将得到全网确认。联盟链可以根据应用场景来决定对公众的开放程度。由于与共识的节点比较少，联盟链一般不采用工作量证明的挖矿机制，而是多采用权益证明或 PBFT 等共识算法。联盟链对交易的确认时间和每秒交易数都与公有链有较大的区别，对安全和性能的要求也比公有链高。

联盟链网络由成员机构共同维护，网络接入一般通过成员机构的网关节点接入。联盟链平台应提供成员管理、认证、授权、监控、审计等安全管理功能，如 2015 年成立的 R3 联盟，旨在建立银行同业的一个联盟链，目前已经吸引 40 多个成员，包括世界著名的银行（摩根大通、高盛、瑞信、巴克莱、汇丰等）和 IT 巨头（IBM、微软等）。

联盟链的特点是可以很好地进行节点间的连接，只需要极少的成本就能维持运行，提供迅速的交易处理服务和低廉的交易费用，有很好的扩展性（但是扩展性随着节点增加又会下降），数据可以有一定的隐私。当然缺点也很明显，联盟链意味着这个区块链的应用范围不会太广，缺少比特币的网络传播效应，而且联盟链容易造成权力集中。由于节点少，并且需要预选节点进行记账，联盟链不能完全解决信任问题，一旦运用不当就容易使权力集中，甚至引发安全问题。

联盟链具有如下特点。

（1）部分去中心化。与公有链不同，联盟链在某种程度上只属于联盟内部的成员所有，且很容易达成共识，因为毕竟联盟链的节点数是非常有限的。

（2）可控性较强。公有链是一旦区块链形成，将不可篡改，这主要源于公有链的节点一般是海量的。而对于联盟链来说，只要所有机构中的大部分达成共识，即可更改区块数据。

（3）数据不会默认公开。不同于公有链，只有联盟里的机构及其用户才有权限访问联盟链中的数据。

（4）交易速度很快。跟私有链一样，联盟链本质上还是私有链，因此其节点不多，容易达成共识，交易速度自然也就快很多。

3. 私有链

私有链是指其写入权限由某个组织和机构控制的区块链，读取权限或者对外开放，或者被进行了任意程度的限制。相关的应用可以包括数据库管理、审计等，尽管在有些情况下希望它能有公共的可审计性，但在很多的情形下，公共的可读性似乎并非是必需的。

大多数人一开始很难理解私有链存在的必要性，认为其和中心化数据库没有太大的区别，甚至还不如中心化数据库的效率高。事实上，中心化和去中心化永远是相对的，私有链可以看作一个小范围系统内部的公有链，如果从系统外部来观察，可能觉得这个系统还是中心化的，但是以系统内部每个节点的眼光来看，当中每个节点的权利都是去中心化的。

私有链和公有链另外一个巨大的区别就是，一般公有链肯定在内部会有某种代币，而私有链却是可以选择没有代币的设计方案。对于公有链而言，如果要让每个节点参与竞争记账，必定要设计一种奖励制度，鼓励那些遵守规则参与记账的节点，而这种奖励往往就是依靠代币系统来实现的。但是对于私有链来说，节点基本上都是属于某个机构内部的，这些节点参与记账本身可能就是该组织或机构上级的要求，记账对于它们而言就是工作的一部分，因此并不一定需要通过代币奖励机制来激励每个节点进行记账的。所以可以发现，代币系统并不是每个区块链必然需要的。考虑到处理速度及账本访问的私密性和安全性，私有链可能更适合商业应用，越来越多的企业在选择区块链方案时，也会更多地倾向于选择私有链技术。

私有链具有如下特点。

（1）交易速度非常快。一个私有链的交易速度可以比任何其他类型的区块链都快，甚至接近于并不是一个区块链的常规数据库的速度。这是因为就算少量的节点也都具有很高的信任度，并不需要每个节点来验证一个交易。

（2）更好地保障隐私。私有链使得在那个区块链上的数据隐私政策像在另一个数据库中似的，不用处理访问权限和使用所有的老办法，但这个数据不会公开地被拥有网络连接的任何人获得。

（3）交易成本大幅降低，甚至在零私有链上可以进行完全免费或非常廉价的交易。如果一个实体机构控制和处理所有的交易，那么它们就不再需要为工作收取费用。即使交易的处理是由多个实体机构完成的，如竞争性银行，由于它们可以快速地处理交易，所以费用仍然是非常低廉的。这并不需要节点之间的完全协议，所以很少的节点需要为一个交易而工作。

（4）有助于保护其基本的产品不被破坏。正是这一点使得银行等金融机构能在目前的环境中欣然接受私有链，银行和政府在看管他们的产品上拥有既得利益，用于跨国贸易的国家法定货币仍然是有价值的。

【课堂训练 1-6】请简要说明区块链的三种类型。

任务实施

1.2.2　超级账本应用

1. 超级账本简介

超级账本（Hyperledger）是当前最著名的联盟链基础平台，是由 Linux 基金会于 2015 年发起的推进区块链数字技术和交易验证的开源项目，含 30 家初始企业成员（包括 IBM、Accenture、Intel、J.P.Morgan、R3、DAH、DTCC、FUJITSU、HITACHI、SWIFT、Cisco 等）。超级账本的目标是让成员共同合作，共建开放平台，满足来自多个不同行业的各种用户案例，并简化业务流程。

由于点对点网络的特性，分布式账本技术是完全共享、透明和去中心化的，故非常适合于金融行业，以及制造、银行、保险、物联网等其他行业中的应用。通过创建分布式账本的公开标准，实现虚拟和数字形式的价值交换，如资产合约、能源交易、结婚证书，能够安全、高效、低成本地进行追踪和交易。

2. 超级账本的组成

作为一个联合项目，超级账本由面向不同目的和场景的子项目构成，目前包括 Fabric、Sawtooth、Iroha、Blockchain Explorer、Cello、Indy、Composer、Burrow 等 8 大顶级项目，所有项目都遵守 Apache v2 许可。

3. 超级账本架构设计

超级账本包括三大组件：区块链（Blockchain）、链码（Chaincode）、成员权限管理（Membership）。超级账本的典型架构如图 1-1 所示。

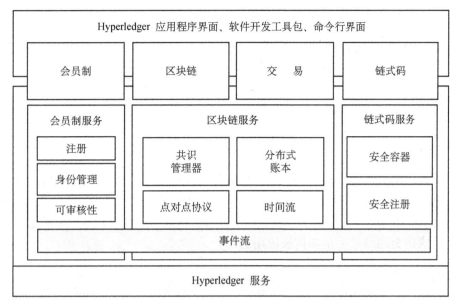

图 1-1 Hyperledger 典型架构

区块链提供了一个分布式账本平台。一般情况下，多个交易被打包进区块中，多个区块构成一条区块链。区块链代表的是账本状态机发生变更的历史过程。

链码包含所有的处理逻辑，并对外提供接口，外部通过调用链码接口来改变世界观。世界观是一个键值数据库，用于存放链码执行过程中涉及的状态变量。

成员权限管理基于 PKI，平台可以对接入的节点和客户端的能力进行限制。

4. 超级账本应用场景

超级账本主要应用于开放可信供应链、资产存管、商务合同、银联积分交换平台、商品身份溯源、食品安全等。

任务评价

填写任务评价表，如表 1-2 所示。

表 1-2 任务评价表

工作任务清单	完成情况
学习区块链分类	
学习联盟链技术解决方案（超级账本）	

任务拓展

【拓展训练 1-2】你认为哪些行业适合使用联盟链？请举出 5 个使用联盟链的行业示例。

任务 1.3 区块链应用

任务情景

【任务场景】

近年来，区块链作为一种新兴的应用模式被不同行业广泛使用。在金融、物联网、社会公益、供应链等领域中，出现了很多应用落地的探索和尝试。其中，供应链领域由于市场规模大、多信任主体、多方协作等特点，成为备受瞩目的区块链技术"用武之地"。那么，区块链在供应链金融场景中是如何被应用的呢？

【任务布置】

（1）学习区块链应用价值。
（2）学习区块链应用场景。
（3）理解区块链在供应链金融场景中的应用。

知识准备

1.3.1 区块链应用价值

区块链提供一种在不可信环境中进行信息与价值传递的交换机制，是构建未来价值互联网的基石，也符合党的十九大以来一直提倡的区块链要为实体经济提供可信平台。区块链发展到现在，我们可以从以下几个方面来分析其应用的方向。

（1）从应用需求视角来看，区块链行业应用正加速推进。金融、医疗、数据存证/交易、物联网设备身份认证、供应链等领域都可以看到区块链的应用。娱乐、创意、文旅、软件开发等领域也有区块链的尝试。

（2）从市场应用来看，区块链正逐步成为市场的一种工具，主要作用是减少中间环节，让传统的或高成本的中间机构成为过去，进而降低流通成本。企业应用是区块链的主战场，具有安全准入控制机制的联盟链和私有链将成为主趋势。区块链也将促进公司现有业务模式重心的转移，有望加速公司的发展。同时，新型分布式协作公司也能以更快的方式融入商业体系。

（3）从底层技术来看，区块链有望推进数据记录、数据传播和数据存储管理模式的转型。区块链本身更像一种互联网底层的开源协议，在不远的将来会触动甚至取代现有的互联网底层的基础协议（建筑在现有互联网底层之上，作为一个新的中间层，提供可信的、有宿主的、有价值的数据）。把信任机制加到这种协议里，将会是一个重大的创新。在区块链应用安全方面，区块链安全问题日渐凸显，安全防卫需要从技术和管理两方面全局考虑，安全可信是区块链的核心要求，标准规范性日显重要。

（4）从服务提供形式来看，云的开放性和云资源的易获得性决定了公有云平台是当前区块链创新的最佳载体，利用云平台让基于区块链的应用快速进入市场，获得先发优势。区块链与云计算的结合越发紧密，就越有望成为公共信用的基础设施。

（5）从社会结构来看，区块链技术有望将法律、经济、信息系统融为一体，颠覆原有社会的监管和治理模式，组织形态也会因此发生一定的变化。虽然区块链技术与监管存在冲突，但矛盾有望得到进一步调和，最终会成为引领人们走向基于合约的法治社会的工具之一。什么领域适合区块链技术？我们认为在现阶段适合的场景有三个特征：第一，存在去中心化、多方参与和写入数据的需求；第二，对数据真实性要求高；第三，存在初始情况下相互不信任的多个参与者建立分布式信任的需求。

区块链应用的发展趋势如图 1-2 所示，从比特币加密数字货币到金融结算市场的优化，逐渐演进到创造性地重构传统行业的大量应用，如供应链金融、供应链溯源、新能源交易系统、物联网等。随着应用场景日益丰富，应用将推动着区块链技术不断完善，区块链与云的结合日趋紧密，该技术也会逐渐应用于新兴市场经济，如房屋租赁共享经济、社交网络、内容分发网络等场景中。区块链系统以其特有的价值实现数据流转过程中的不可逆，从而保障数据的可靠性；区块链数据流转的可信性将有效简化流程、提升效率、降低成本；区块链的系统架构和优势使构建产业生态更加容易，并降低产业成本。可以预见，区块链是价值网络的基础，将逐渐成为未来互联网不可或缺的一部分，区块链技术也将逐步适应监管政策要求，逐步成为科技监管领域的重要组成部分。

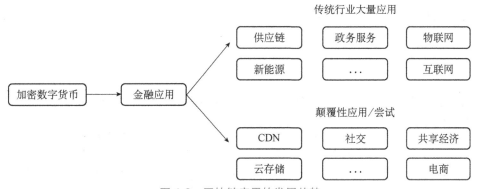

图 1-2 区块链应用的发展趋势

【课堂训练 1-7】请简述区块链应用的价值。

1.3.2 区块链应用场景

1. 区块链在教育领域的应用

教育是国之大计、党之大计。党的二十大报告中首次将"实施科教兴国战略，强化现代化建设人才支撑"作为一个单独部分，充分体现了教育的基础性、战略性地位和作用，并对"加快建设教育强国、科技强国、人才强国"做出全面而系统的部署，为到 2035 年建成教育强国指明了新的前进方向。

目前，教育领域主要有以下一些方向可以利用区块链技术进行改善。

首先是各类证书作假与学术欺诈问题。伊利诺伊大学物理学教授 George Gollin 对文凭造假现象进行调查后发现，仅美国每年就有约20万份虚假学历证书从非法文凭提供商处售出。造成学术欺诈的一个重要原因就是教育信息统计的不完整和分散，使得认证成本高，验证困难。其次，简历等个人经历信息不对称。企业为了验证简历上所有信息真实无误要付出的成本极高，何况部分信息如实习经历、工作经历等并未进行数字化的录入，难以进行查验，这给应聘者在简历造假上创造了可能，招聘时的人才资历真实性认证存在难点。第三，当前在线教育的教学质量无法保证。由于在线教育的信息不对称性强，教育机构与教师的资质、教育评价都可能存在造假的情况，学生及家长难以判断教育机构的服务质量。

因此，对于以上信息不对称的情况，区块链技术可以利用其不可篡改、可追溯的特点来保证教育信息的真实性。

对于学生个人建立全维度的教育和职业信息体系。除了将学历学位及学习成绩等常规的学生信息上链储存，同时也能记录学生在学习过程中的其他重要数据，如课堂出勤率、奖项荣誉、社团活动、实习经历、职业等级证书等。在求职过程中，通过建立企业、学校的互通，让企业将学生或员工的实习经历、工作经历上链，使得企业招聘时能够直接从区块链平台上获得相关的真实数据。链上数据的真实性让企业无须再花费大量人力及成本对应聘者进行背景调查。

对于教师建立链上评价体系和教师个人价值体系。学生或家长可以在接受教育服务后对教育机构或教师的服务进行真实评价并上链，这些评价会倒逼教育服务提供者提升自身的教学质量，杜绝虚假教学资质的教育机构及教师的存在，保障学生的权益。另一方面，对于有出色教学内容和评价的教师可以建立自己的链上价值，跳出中介平台直接和学生进行点对点的教育和知识付费活动。

案例分析

广西壮族自治区高等教育自学考试网络助学平台"正保自考365"

"正保自考365"是正保远程教育旗下以自考咨询和自考辅导课程为主的教育型网站，拥有由2000多名老师及300多名高校教授组成的强大师资团队，以及完整的教学体系。"正保自考365"也是广西招生考试院唯一指定的网络助学平台。目前广西壮族自治区的广西大学、广西民族大学、广西师范大学、桂林电子科技大学等众多院校均已加入该平台，且已有70个国家及地区承认该网站颁发的高等教育自学考试学历及学位。

由于"正保自考365"是一个在线教育网站，学生的过程性考核、课程表现等较为细节的学习过程无法被很好地监督和认证，对于学生的学习激励作用也不够强。而区块链技术拥有不可篡改、可验证等特点，可以基于区块链记录存储学生的学习过程，对其学习行为进行细致的追踪和记录。这一方面有利于学校更好地管理学生学习状态，提供更具个性化的培养计划；另一方面也可以为学生颁发区块链上的学习证明，更具有可信度，促进学生、教育机构和企业共享学习过程和学习认证等方面的数据，建设可信的教育信息化管理平台。

因此，为确保考核成绩及学历学位真实可信，正保远程教育将区块链技术引入自考平台内，利用区块链技术对自考学生的培训过程、考核成绩、学历学位等信息进行认证记录，促进学生、教育机构及企业之间的数据共享，打破当前数据孤岛的现状，让数据更加透明。同时，正保远程教育利用区块链点对点传输、可验证、不可篡改及可追溯等特点，对学生的教育背景提供可靠的数据支撑，并且做到数据的可信、可追溯，便于毕业审核及招聘单位寻求人才。

正保远程教育的区块链平台"Link100职业能力链"已经于2019年3月获得国家互联网信息办公室发布的第一批境内区块链信息服务备案。正保自考平台也给自考生颁发了国内首批"区块链结课证书"。如图1-3所示的是"正保自考365"的一份链上结课证书。

图1-3 "正保自考365"链上结课证书

2. 区块链在医疗领域的应用

医疗健康行业以保障人民群众身心健康为目标，主要包括医疗服务、健康管理、医疗保险及其他相关服务，涉及的产业面广、产业链长，包括制药制剂、医疗器械、保健用品、保健食品及健身用品等。

随着互联网科技的发展，传统医疗产业的信息化、数字化改造已大部分完成，"互联网+医疗"的各种商业模式也趋于成熟，进入了稳健发展阶段。寻医问诊、报销支付等流程变得更加便捷和扁平化，互联网技术的嵌入也解决了部分信息不对称的问题，但由于医疗领域的特殊性，行业当前仍存在许多问题或症结尚未解决。

其中最主要的问题来自医疗数据的隐私敏感性造成的数据孤岛。相关法律规定，医疗机构应当将患者的数据严格保密保存，因此多数医疗机构不轻易、也不能将医疗信息对外公开，这造成医疗信息流通不顺畅，各个医疗机构形成了数据孤岛。这就导致了就医过程中诸多的不便，如在患者转院转诊的过程中，患者将面临相同项目重复检查的窘境，造成金钱及时间上的浪费，医疗资源未能有效利用，患者就医体验差。数据孤岛也导致临床数据缺失，不利于药物研发。

此外，在药品方面，由于缺乏适当的追踪机制，药物供应链中从制造、流通、贮藏到销售等环节存在着部分的不规范现象，难以根除假药、劣药的制造销售，如医药销售网点不具备经营资格、药物或疫苗贮藏标准不达标等。

使用区块链技术，将在保障患者数据隐私的前提下，打通医疗数据的信息流通，改善医疗机构之间互为数据孤岛的现状，重建医患之间的信任，提高行业效率。

在医疗诊断中，使用区块链技术构建电子病历数据库，将患者的健康状况、家族病史、用药历史等信息记录在区块链上，并结合 MPC（安全多方计算）、TEE（可信执行环境）等隐私保护技术保护患者相关信息数据，确保患者隐私不被侵犯。通过区块链平台上的数据共享，更大范围的、不同层次的医疗机构之间的信息通道得以打通，并可以设置数据使用权限。这样，将减少患者的重复诊断，提高就医体验感。数据孤岛打通后，临床医疗资料也可以被更好地利用，有助于进行后续研发。

针对假药、劣药，可以建立基于区块链的药物供应链平台，本质上是商品的溯源。从药物原材料的获取到药物的生产制作、贮藏和流通销售等环节，进行适当的监控和追踪。消费者可以通过区块链平台看到所购买药品的生产厂家、日期数据及流通环节等是否符合标准，也可通过区块链技术配合物联网对药物或疫苗的贮藏温度、出入库时间等进行实时监控，保证药物的真实性与质量安全，在原本《药品经营质量管理规范》（GSP）及《药品生产质量管理规范》（GMP）的强有力监管的基础上，进一步实现公开监管与追踪，打击假药、劣药市场，保障各方权益。

案例分析

阿里健康常州市"医联体+区块链"项目

2017 年 8 月 17 日，阿里健康宣布与常州市开展"医联体+区块链"试点项目的合作，将区块链技术应用于常州市医联体底层技术架构体系中，期望解决长期困扰医疗机构的信息孤岛和数据隐私安全问题。

该方案目前已经在常州武进医院和郑陆镇卫生院实施落地，将逐步推进到常州天宁区医联体内所有三级医院和基层医院，部署完善的医疗信息网络。

阿里健康在该区块链项目中设置了多道数据的安全屏障。首先，区块链内的数据均经加密处理，即便数据泄露或被盗取也无法解密。其次，约定了常州医联体内上下级医院和政府管理部门的访问和操作权限。最后，审计单位利用区块链防篡改、可追溯的技术特性，可以全方位了解医疗敏感数据的流转情况。

引入阿里健康的区块链技术后，在医联体内实现医疗数据互信互通，优化了医生和患者的体验，同时也推进了分级诊疗、双向转诊的落实。通过区块链网络，社区居民能够拥有健康数据所有权，并且通过授权实现数据在社区与医院之间的流转；医联体内各级医院医生可以在被授权的情况下取得患者的医疗信息，了解患者的过往病史及相关信息；患者无须做重复性的检查，减少为此付出的金钱及时间。如图 1-4 所示为常州医联体区块链应用流程示意图。

区块链技术实现了医院之间的信息互信互通，符合政府"让数据多走路，人只走一次路"的指导方针，但这样的技术应用会减少患者检查次数，相应减少医院的收入，以及降低人事费用，可能会触犯到相关方的利益。因此，这样的技术应用需要政府带头试点，自上而下地推行，并且需要推出新的商业模式，激励其他医院加入该生态中，生态整体才能健康可持续地运行。

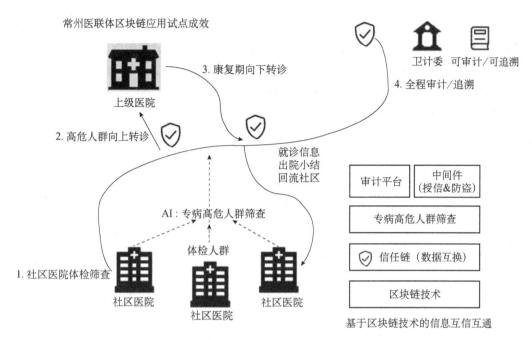

图 1-4 常州医联体区块链应用流程示意图

3. 区块链在公益方面的应用

公益事业包括慈善捐助、志愿服务、公益扶贫等领域。近些年，受到一些负面案例的影响，慈善行业的受信任程度实际上在不断被削弱。目前，公益捐助等领域存在资金和物资流向不透明、使用率不高，社会监督与公开机制不够健全等问题。不少现行的公益慈善机构采用的机制不够透明。它们往往会搭建多个资金池，众多捐助者向资金池中注入善款，同时管理单位再通过资金池向需要扶贫支持和公益支持的个人和团体提供资助。很多时候慈善机构的行为都是黑盒，捐助人无法真正了解资金和物资的去向，导致可能有作恶者从中渔利，从而影响大众的公益热情。另外，公益活动中还存在资金利用效率低的问题，这源于信息的分割和应急机制的不健全。

区块链可以在公益领域发挥它的特点，优化慈善流程，建设可信体系，增进公众对第三方慈善机构的信任和信心。

其一，提高资金和物资流向透明度。慈善机构、捐助者、受捐者、上下游环节、三方监督等相关机构和个人，可以成为区块链系统节点，对相关款项进行链上实时核验和跟踪。一方上链后，其他多方共同监督。当捐助者、三方监督机构或受捐者发现资金数量不对，那么可以对中间环节进行质询和复核，这样将会大大提高问题的发现和解决效率。同时，利用区块链公开透明的特点，也可以让所有捐赠明细上链，接受公众监督。

目前某些慈善机构通过数字资产接受捐助，例如 2019 年 10 月，联合国儿童基金会（UNICEF）宣布设立加密数字货币基金，接受比特币等加密数字资产的捐助。数字资产由于是区块链原生资产，可以确保捐款资金的真实性，可以实时了解捐赠资金走向，简化捐助人的捐款流程，使捐助更方便快捷，尤其在跨地区、跨境捐助上提高了效率，降低了成本。

其二，建设基于区块链的公益信息共享平台，提高资金管理和利用程度。通过区块链系统，可以共享各慈善机构需要救助和捐款的信息，使捐助者更全面地了解需求信息，使机构能综合利用资金和物资，确保分配给最紧急、效用最高的需求者。同时，管理机构也可以接入区块链，进行实时监督、指挥、调配，做好全局工作，进一步提高资金和物资的利用程度和管理效率。

案例分析

支付宝区块链爱心捐赠追踪平台

传统的捐款平台由运营方发布募捐信息，捐款者将款项交予运营方，再由运营方将款项拨送至募捐方。而运营方对款项使用情况公布不透明，难以获得公益参与者的信任。当更多人参与公益时，如何确保善款能够被精准地送到受捐者手里就成了公益的焦点，捐赠款项去向透明化成为公益事业的重中之重。

因此，蚂蚁金服应用区块链，与中华社会救助基金会合作，在支付宝爱心捐赠平台上线了"听障儿童重获新声"公益项目。这个项目是区块链在公益场景运用中的一次尝试，所募集善款将用于十名听障儿童的康复，筹集目标为 198 400 元。此项目相比于传统公益，最大的不同之处在于可以追踪善款流向。

支付宝上的善款来源非常分散，作为小型筹款项目，每次所接受的捐赠数额较小。因此，这样一个项目接受了超过万次的捐赠。由于区块链的分布式记账，每次捐赠都会将捐赠金额、捐赠时间、捐赠人等信息记录在区块链上；每笔善款流向也以同样的方式记录。区块链具有不可篡改性和可溯源性，任何用户都可以随时查询公益项目筹款进度与款项用途，使公益事业能够实现公开透明，能够赢得公众的信任。

4. 区块链在政务领域的应用

近年来，"互联网+政务"快速发展，国家机关在政务活动中，全面应用现代信息技术、网络技术及办公自动化技术等多项技术进行办公、管理和为社会提供公共服务，也称为电子政务。

我国电子政务概念的雏形产生于 20 世纪 80 年代，在 1999 年开始得到重视并开始逐步建设电子政务平台，推进政府工作的自动化、信息化。2018 年 10 月，西藏自治区政务服务网开始试运行，标志着我国 32 个省级网上政务服务平台体系已基本建成。截至 2018 年 12 月，我国共有政府网站 2 817 962 个，主要包括政府门户网站和部门网站。

虽然说我国在电子政务发展上已属于较为领先的国家，但在数据交互、协同、共享上仍面临诸多困难。

（1）跨部门协作与数据共享不足。"互联网+政务"的发展，使得电子政务服务实现了相当大的飞跃，企业、群众可以通过网上服务入口办理多项业务。早期电子政务系统均是根据不同部门自身业务需求独自搭建的，各部门独自构建了一套互联网政务体系，致使各部门之间的网络基础设施、业务系统、数据资源处于割裂、碎片化状态，并且缺乏标准统一的数据结构和数据接口，导致同地区的政务系统跨部门数据共享和业务协同力度不足。从现有情况来看，企业、群众网上办事需要登录不同部门的网站，各部门没有形成高效的政务服务协同机制，信息重复采集的情况较为普遍。

（2）城市数据监督不到位。现有的电子政务改革过程中，城市数据的治理与监督并未得到足够重视，政府监督与管控时而出现盲区，时而出现监管缺位。以城市治理为例，针对政府的重大投资项目、重点工程和社会公益服务等敏感领域，依靠信息公开并不能形成有效的约束力，在这些项目的进行过程中，政府实际上在某些情况下存在一定盲区，当出现违法违规操作时，并不能及时发现，造成监管缺位，一旦这些项目出现问题，将对政府公信力造成一定影响。另外，现有的政府信息管理框架并不能对城市数据进行有效采集、校核、加工和存证，一旦出现违法违规事件，证据的缺失对调查取证、追责等带来巨大困难。

区块链技术为跨地区、跨部门和跨层级的数据交换和信息共享提供了可能，提供了可追溯、可监管的政务信息。区块链助力跨部门政务协作示意图如图1-5所示。

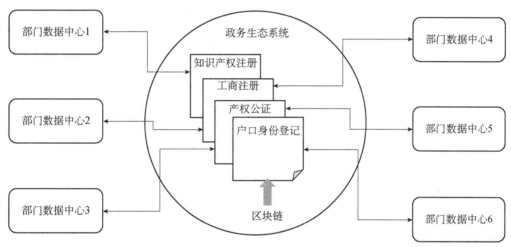

图1-5 区块链助力跨部门政务协作示意图

首先，区块链的分布式数据结构有利于建立政府部门之间的信任和共识，在确保数据安全的同时促进政府数据跨界共享。所有部门都可以成为链上节点参与"记账"，且数据公开透明，数据的交换都有迹可循，数据交换的容错率也较高，这就为建立和维系政府部门之间的信任和共识提供了技术条件。即便是层级和规模都很小的政府部门，也可以通过区块链技术参与数据共享。这就大大提升了政务服务的整合力度，真正实现"数据跑路"取代"人跑腿"，提升群众的获得感和满意度。

同时，区块链应用有利于明确政务数据归属权，明晰数据权责界定。结合公私钥体系，政务数据一经产生就确定了归属权与管理权，为后续的授权使用明晰了权责归属。另外，结合智能合约技术，能够实现数据共享与业务协同过程中的使用权的权限与分配。在政务数据授权共享、业务协同的同时，能够将所有的数据流转使用记录留存于链上，凭借区块链所具有的不可篡改、可溯源的特性，为后续数据泄露等事故提供有迹可循的、清晰的溯源依据。

区块链也能赋能城市数据监督，提升管控力与约束力。区块链能够发挥其数据的不可篡改特性，结合物联网技术，实现城市政务数据的全流程存证，扫清原本因技术局限无法覆盖的监督盲区，补足监管的缺位，增强城市数据监督管控与约束力，为后期的核验、举证等提供便利，提升政府公信力。例如，在政府重大投资项目上，实现建设主体的全流程数据上链，利用区块链的存证和不可篡改特性，对其产生较大约束力。此外，通过将相关监管机构、企业纳入区块链生态中，通过数据上链，促使监管机构能够实现更全面的监管，营造良好的监管环境，并为未来利用数据进行科学决策、建立建全智慧政府提供坚实的支撑。

案例分析

江苏南京区块链电子证照共享平台

2017 年，南京市信息中心牵头，启动了如图 1-6 所示的南京市区块链电子证照共享平台的项目建设，将房产交易、人才落户、政务服务等多项民生事项纳入区块链政务数据共享平台中，实现了政务数据跨部门、跨区域共同维护和利用。南京市现在的政务数据和电子证照绝大多数通过区块链政务数据共享平台共享到各个业务系统，包括工商、税务、房产、婚姻、户籍等。

到 2019 年，南京市区块链电子证照共享平台已经对接公安、民政、国土、房产、人社等 49 个政府部门，完成了 1600 多个办件事项的连接与 600 多项电子证照的归集，涵盖全市 25 万企业、830 万自然人的信息。

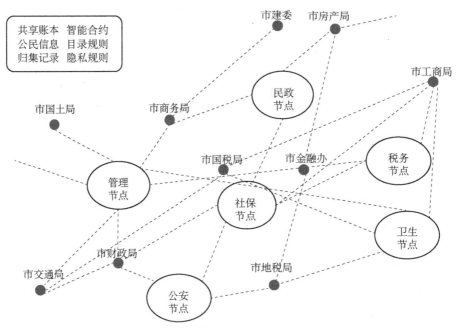

图 1-6　南京市区块链电子证照共享平台示意图

案例分析

区块链服务网络（BSN）——政务专网

区块链服务网络是由国家信息中心领导，由中国移动通信集团公司、中国银联股份有限公司、北京红枣科技有限公司主导的首个国家级联盟链。其致力于打造跨公网、跨地域、跨机构的区块链服务基础设施，推出了针对政务的专网产品——区块链政务专网（BSN）。BSN 以联盟链为基础架构，通过公共城市节点建立连接，形成区块链全球性基础设施网络。BSN 公网类似于互联网，BSN 专网则类似于局域网，专网依托于公网的技术架构，可以实现与公网的互联互通。

在技术架构的设计上，BSN 政务专网的基础设施层支持专有网络、公有云、私有云等部署形态，也支持跨网混合部署；区块链平台层则支持 Hyperledger Fabirc，Fisco BCOS 等区块链引擎；节点网关层则提供封装的、通用的、稳定的、可靠的服务和接口。

在实际应用上，政务专网将为各系统、各部门、各用户分配统一的身份 ID，实现数据与应用的统一管理，运营平台也将针对区块链应用的接入采用统一审核制度，确保应用的安全准入机制；区块链政务专网内提供多种通用的内置应用，能够实现各系统数据的融合共享、公文档案的安全存储及电子合同签章等功能；各委办局在接入系统后，可以将自己的业务需求共享到平台上，并由委办局自行定义数据结构与进行脱敏操作，数据上链后，使用单位将在原数据归属者的授权下获取数据，提升数据共享效率与实现数据协同。

在安全架构设计上，全方位考虑了包括身份鉴别、访问控制、安全审计、通信保密、资源控制、主机安全等十个方面。如图 1-7 所示展示了 BSN 政务专网架构。

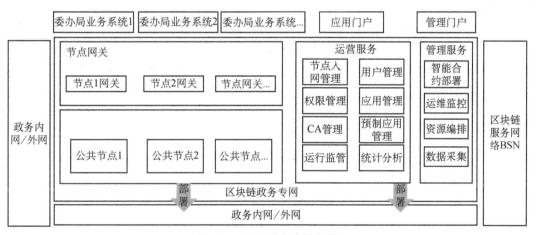

图 1-7　BSN 政务专网架构

BSN 政务专网已经在杭州城市大脑平台成功部署，且在一周时间内就完成了"城管道路信息及贡献管理""酒店消毒管理""内部最多跑一次"等多个应用的上链，产生了良好的效果。

2020 年，依托区块链技术，杭州市下城区创造性地搭建了"1Call 链"项目，使疫情大数据实现了全网同步、安全加密，极大提高了数据获得率和安全性。

据下城区数据资源管理局相关负责人介绍，员工在线填写承诺书并提交后，会自动生成一个"承诺书特征码"同步到区块链，确保电子承诺书相关数据不被修改。不仅员工自己可以进行单击查询，后台也可以通过特征码对不同员工的承诺书进行分类鉴别保存，确保信息的安全、透明、有效,提高办事效率。

与此同时,后台信息的分类鉴别也为线下工作提供了参考。通过杭州城市大脑平台"工地复工精密智控管理系统",工作人员可以统计出未来3~7天内即将返杭员工的来源地、所属项目,合理安排包车。

5. 区块链在智慧交通方面的应用

21世纪以来,各国政府积极助推现代化交通体系建设,尤其重视交通运输智能化与信息化建设。智慧交通、数字化信息的发展成功赋能集约化交通体系的构建,成为解决现代交通痛点的核心方向。信息化、网络化、智能化的交通运输系统建设能有力推动国家交通体系的跨越式发展,并进一步缓解资源与环境压力。

对于交通运输行业,区块链主要在以下方面进行赋能。

(1)车辆认证管理。可以将车辆信息、车主信息等加密后上链,建立属于车辆的区块链身份标识,并与交通运输部门、车险公司等进行信息打通,可以更高效地进行信息互通,对车辆进行管理,进行违章等行为罚款的支付。

(2)助力智慧交通运输网络的优化。在智慧交通中引入区块链技术,并串联交通运输领域中的政府、企业等各行业主体,协助记录车辆、道路、桥梁、车站等基础设施实时情况。相比传统的交通运输信息网络,基于区块链的网络可以更好地在保护隐私的同时进行交通数据的互通,这有助于建设真实可靠的交通运输信息系统,进而提升智能交通的社会运行效率。

(3)汽车碳排放上链推动节能减排。在传统碳排放记录系统中引入区块链技术,有利于解决汽车行业既有的数据问题与认证问题。通过记录轿车、大型客车等车辆的驾驶与碳排放信息并整合上链,可以将碳排放追溯到个体角色,从而对驾驶员与相关企业做出评估,推动其进行节能减排。

案例分析

北京首汽建设新型区块链联动平台"GoFun"

2015年8月,北京首汽集团成立GoFun平台,这是首汽为拓展移动出行业务建立的一款共享汽车产品,于2016年2月25日正式上线运营。目前,其业务主要由B端和C端两部分组成。

在B端,该联动平台利用以太坊开源架构搭建了一条联盟链GFChain,将每台汽车的信息上链,致力于形成完备的车联网数据系统,推动车辆数据公开透明化。GoFun还构建了与北京环交所的合作关系,积极推动汽车尾气排放量等基础数据上链,推动节能减排。

在C端,GoFun针对用户租车中的闲置时间,提出了相应解决方案:当租车用户有8小时无须使用共享汽车时,可通过区块链信用机制,分享空余时间给其他用户,增强了同一时间段内,共享汽车的使用效率和频次。此外,GoFun将用户的开车时间等行为转化为"能量方块",激励租车用户多用多得,如用户可通过完成租用车辆、每日签到、邀请新好友等任务获得不等数量的"能量",积攒到一定程度的能量可用于兑换租车优惠券或其他礼品。除此以外，不同的车型、行驶里程、使用时间均会对用户挖到的"能量"的大小造成影响，挖取"能量"的能力也可通过完成实名认证、驾驶证认证、支付押金等多种方式提高。这增加了用户租用共享汽车过程中的趣味性，改善了平台用户的体验。

数据显示，2019 年 4 月，GFChain 实现超过 180 万的区块数，平均每区块完成 55 笔交易。"能量方块"特色业务的上线大大提升了用户留存率，平均每位用户为其额外停留 2 分钟。截至 2019 年年底，GoFun 出行已覆盖国内 84 个城市，拥有近千万注册用户，每辆车日均单量在 7 单以上，月度活跃用户达到 170 万人次，最高日度活跃用户直逼 75 万人次。

6. 区块链在智慧能源方面的应用

能源行业主要涉及电力、石油、天然气和新兴能源等领域，囊括上游的开采、勘探、生产，中游的提炼、分发、输送，以及下游的分销、交付和使用等。它是服务工业商业、居民生活的核心行业，维护着我们经济生活的正常运转。

进入 21 世纪以来，人类活动加剧，世界人口和总体经济产出大幅增长，同时也伴随着能源的大幅消耗。波士顿大学学者研究发现，即使气候维持当前变化，到 2050 年，全球能源需求还会上涨 25%。巨量的能源需求带来了气候变暖等问题，发展和使用清洁能源是所有人类应该重视的课题。

除此之外，贫富发展不均衡也是困扰能源行业的问题之一。在发达地区和欠发达地区会分别存在能源过度消费和能源不足的现象，如何促使能源均衡分配，是能源行业需要解决的问题。同样，平衡各发电站和用电者之间的关系，提高能源使用效率也是需要解决的问题。

区块链技术能够保证系统透明、稳定可信及防篡改，并且在点对点网络中存在可以自动执行的智能合约，这给能源行业带来了新的发展思路。

（1）能源供应链。能源市场交易的参与者众多，包括券商、交易所、物流公司、银行、监管机构和代理机构等。在传统的模式下，交易输送过程速度慢、耗时长，造成的摩擦成本将小型机构排除在外。如果应用区块链技术，上下游之间可以快速完成配合，交易时间和信息被记录在账本中，同时智能合约可以保证交易在特定的时间内执行，大大提高协作效率，节约纸质办公成本。

（2）分布式微电网交易，推动清洁能源发展。微电网是指由分布式电源、储能装置、能量转换装置、负荷、监控和保护装置等组成的小型发配电系统，实现分布式电源的灵活、高效应用，解决数量庞大、形式多样的分布式电源并网问题。开发和延伸微电网能够充分促进分布式电源与可再生能源的大规模接入，实现对负荷多种能源形式的高可靠供给，是实现主动式配电网的一种有效方式。而区块链是有效的微电网交易基础技术，可以让分布式的清洁能源（如太阳能）直接进行点对点交易，降低接入统一电网的成本，有效提高能源电力的利用率。同时微电网系统能够推进地区能源的产出和使用，减少能源运输的消耗，解决能源分布不均衡等问题，更有弹性和更高效。

案例分析

L03 Energy 成立布鲁克林微电网——TransActive Grid

2016 年 3 月 3 日，L03 Energy 与区块链技术创业公司 Consensys 合作成立 TransActive Grid 项目，在纽约布鲁克林开展新型微电网试验，这是区块链在能源领域的首次应用。

起初，TransActive Grid 项目只涉及十个分布在布鲁克林地区总统大道两侧的家庭。道路一侧的五户家庭安装了屋顶光伏发电系统，产生的电能在完全满足家庭用电需求之余，还有大量剩余；另一侧的五户家庭没有安装发电系统，因此需向对面家庭购买电力。据此，这十个家庭构成了一个微型的电力生态。因此，即便没有第三方电力运营商，家庭之间也可以通过区块链网络，采用 P2P 模式直接进行点对点的能源交易。如图 1-8 所示为 TransActive Grid 项目的系统设计。

智能电表作为这种电力交易模式的硬件基础，在底层应用了基于区块链的智能合约，可以采集包括发电能力、用电需求、交易电量等在内的用户信息。用户信息完成实时上链后，将同步至所有节点并分布式储存。系统不仅可以预测用电量从而智能化地应对能源需求，还能及时储存剩余能源并进行能源交易。

此外，区块链微电网还保证了即时交易的实现，消费者无须通过中间零售商便可进行能源批发的市场交易，随后使用智能设备实时自动地支付账单。当智能代理完成能源交易价格的分析后，将结合其预测出的特定用电需求，为客户形成更明智的消费策略：在能源价格低时，增加能源购买量，并储存多余能源于家庭储电设备；在能源价格上涨时，减少能源购买，甚至出售部分储存能源。

但是，目前该项目未实现大规模推广，主要原因是点对点交易的模式对于运营机构而言很难盈利。同时，纽约市也禁止个人直接参与电网市场。因此，考虑到对新能源发展的推动，此类项目更需要政府作为主要发起者进行建设和改革。

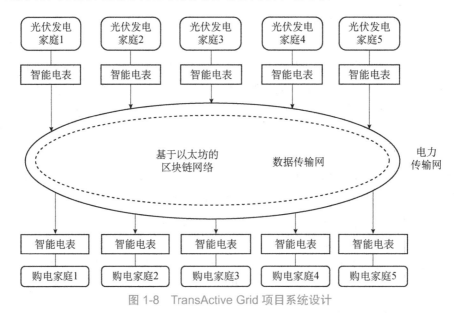

图 1-8　TransActive Grid 项目系统设计

【课堂训练 1-8】请简述几个区块链的应用场景。

任务实施

1.3.3 供应链金融业务应用实践

1. 供应链金融业务场景

供应链金融是贸易金融的一个典型场景,如图 1-9 所示,它是指在供应链的业务流程中,以核心企业为依托,运用自偿性贸易融资的方式,对上下游企业提供综合性金融产品和服务。整个行业在全球占据万亿级的市场。举个简单的例子来说明供应链金融业务,一家企业和供应商 A 签订采购合同,金额为 1000 万元,合同在 12 个月后到期,当然合同款也是在 12 个月后才能付清,然而供货的生产需要 600 万元的资金,传统金融思路是供应商不得不想办法去金融机构贷款并支付高额的利息,这就间接增加了生产成本,并且金融机构一方放款可能并不及时,放款金额也和该供应商的资质、信用甚至是抵押物有关。供应链金融就是试图使用新的方式来解决过程中各方的金融需求,如将业务过程中的采购合同作为抵押物,金融机构校验合同真实性后就可以和供应商 A 签订贷款合同,同时提前放款 600 万元给供应商,12 个月采购合同到期后,企业直接付 600 万元的本金和相应利息给金融机构,剩余的钱直接付给供应商 A,因此极大地降低银行的风险。

2. 行业现状

从上面的例子中可以看到这是一个三赢的局面,企业和供应商的业务可以正常开展,金融机构也能从中受益,所以供应链金融的核心思路就是打通传统供应链中的不通畅点,让业务流中的资金都可以顺利地流动起来。当然其中的过程有很多关键点,如合同是否真实、合同额有没有被非法篡改、企业有没有不诚信记录、合同到期后企业能否按时顺利地付款等。另外,在现行金融贸易领域中,存在高成本的人工核查、众多银行之间的信息不流通、监管难度大、中小企业申请银行融资的成本高等问题。银行在为客户办理业务时,通常通过人工的方式进行情报资料收集、信息对比验证、现场实地考察和监督,来了解客户情况和贸易背景,开展业务风险控制及管理。

3. 业务痛点

目前供应链金融的核心问题如图 1-10 所示。首先,高度依赖人工的交叉核查,即银行须花费大量时间和人工判定各种纸质贸易单据的真实性和准确性,且纸质贸易单据的传递或差错会延迟货物的转移及资金的收付,造成业务的高度不确定性。其次,金融贸易生态链涉及多个参与者,单个参与者只能获得部分交易信息、物流信息和资金流信息,信息透明度不高。再次,由于银行间信息互不联通,监管数据获取滞后,资金管理监管难度大,例如存在不法企业"钻空子",以同一单重复融资,或虚构交易背景和物权凭证。最后,中小微企业申请金融融资成本高。基于以上几个难点,为了保证贸易融资自偿性,银行往往要求企业缴纳保证金,或提供抵押、质押、担保等,从而提高了中小微企业的融资门槛,增加了融资成本。

综上可知,供应链金融的核心问题有三点:融资难、风控难、监管难。

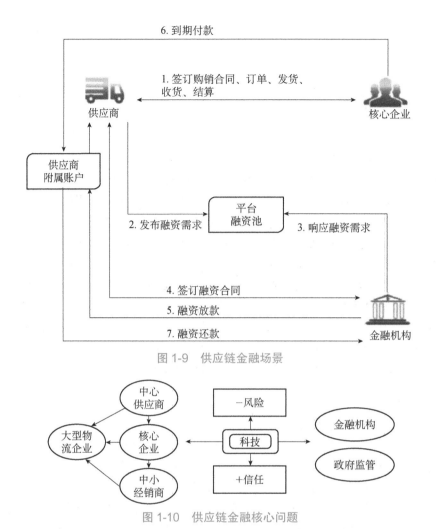

图 1-9 供应链金融场景

图 1-10 供应链金融核心问题

4. 基于区块链的解决方案

供应链金融场景中的关键需求是如何存证供应链的关键信息；如何确保可信资质的评估；如何保障交易各方的权益；如何建立供应链的上下游核心企业和供应商之间的互信，降低融资的成本。区块链技术提供的特性和这些需求高度吻合，不可篡改特性让数据很容易追溯，公私钥签名保证不可抵赖，这些机制可以让上下游企业建立互信，智能合约可以保障各方约定的合同可以自动执行。基于区块链可信机制的供应链金融解决了供应商单方面数据可信度低、核验成本高的问题，打通企业信贷信息壁垒，解决融资难题，提升供应链金融效率，通过供应链中各方协商好的智能合约，可以让业务流程自动执行，资金的流转更加透明，极大地提供公平性。

华为云 BCS 服务利用自身在供应链和区块链方面的业务和技术积累，携手合作伙伴，积极支持供应链金融结合区块链技术的创新，服务平台提供新型的智能合约引擎支持复杂的智能合约和高效的查询，提供创新共识算法支持峰值可达 10K TPS 的高性能并发交易，为该行业的进一步发展提供了良好支撑。基于区块链的供应链金融解决方案如图 1-11 所示，通过多级链结合起来，在每一级区块链中实现当前范围的可信数据共享，并基于授权，按需把数据推送到下一级区块链系统中。基于共享账本及智能合约,不但解决了数据互信问题,同时提升了各方交易的效率。

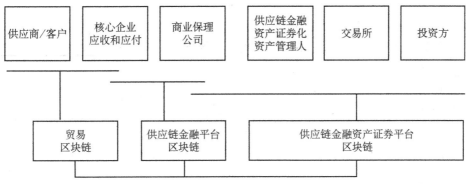

图 1-11 基于区块链的供应链金融解决方案

任务评价

填写任务评价表,如表 1-3 所示。

表 1-3 任务评价表

工作任务清单	完成情况
学习区块链应用价值	
学习区块链应用场景	
理解区块链在供应链金融场景中的应用	

任务拓展

【拓展训练 1-3】请举例说明区块链在实际生活场景中的应用。

归纳总结

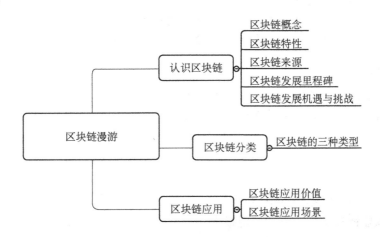

测试习题

一、填空题

1. 大型云计算服务商在云的基础上提供区块链技术，优势在于_____、_____、_____三个方面。
2. 区块链的五大特点分别是_____、_____、_____、_____、_____。
3. 根据开放程度的不同，一般按照准入机制可将区块链分为_____、_____、_____。

二、单项选择题

1. 以下哪一个选项不属于区块链的特点？（　　）
   A. 去中心化　　　　　　　　B. 不可篡改性
   C. 完全封闭性　　　　　　　D. 匿名性
2. 区块链凭借"不可篡改""共识机制"和"去中心化"等特性，对物联网将产生的重要影响不包括（　　）。
   A. 降低成本　　　　　　　　B. 提高设备寿命
   C. 数据安全　　　　　　　　D. 追本溯源
3. 近年来，数字经济发展迅猛，数字经济成为多个国家发展经济的核心动能，在数字经济中，以下哪项技术不是推动数字经济的核心技术？（　　）
   A. 人工智能　　　　　　　　B. 区块链
   C. 大数据　　　　　　　　　D. 化学化工
4. 2019年10月24日，中共中央政治局第十八次集体学习中，习近平总书记在学习时强调要把哪项技术作为核心技术的自主创新突破口？（　　）
   A. 云计算　　　　　　　　　B. 区块链
   C. 人工智能　　　　　　　　D. 人脸识别
5. 大数据、人工智能和区块链三者能否结合？（　　）
   A. 不能结合，技术之间存在冲突
   B. 没有必要结合，区块链技术可以代替大数据、人工智能
   C. 没有必要结合，使用大数据和人工智能的场景，无须再使用区块链
   D. 可以结合，有互相促进的关系，需要找到适合的结合方式

三、判断题

1. 大数据就是人工智能，人工智能就是大数据。（　　）
2. 区块链与人工智能主要是在底层技术方面，有诸多互补性。（　　）

技能训练

1. 分析区块链在实际场景中的应用。
2. 撰写联盟链技术解决方案实现报告。

单元 2　区块链数据结构构建

学习目标

通过本单元的学习，使学生能够掌握区块链中区块的概念和整体结构，掌握 Merkle 树的基本知识，掌握 LevelDB 数据库的概念与特点知识。培养学生创建区块、生成 Merkle 树和实现 LevelDB 数据库存取数据的技能。

任务 2.1　创建区块

任务情景

【任务场景】

在区块链应用场景中，如何组织数据结构？与传统数据结构有什么不同？

【任务布置】

（1）学习区块账本基本概念。
（2）学习区块整体结构。
（3）认识创世区块。
（4）编码创建一个区块。

知识准备

2.1.1　区块账本

从宏观上讲，账本（Ledger）是具有一定格式的，以会计凭证为依据，对所有经济业务进行序时分类记录的若干账页组成的本籍，也就是通常我们所说的账册。

区块链表示一种特有的数据记录格式。所谓的区块就是数据块的意思，每一个区块之间通过某个标志连接起来，从而形成一条链，区块链就是"区块+链"。

区块账本（Ledgerium）是一种分布式数字分类账，以可验证和永久的方式高效地记录各方之间的交易。区块账本生态系统有三个主要组成部分：区块账本、身份认证平台、区块账本文件存储系统。区块账本拥有灵活多变的形式，可以独立存在。

在区块链中账本层负责区块链系统的信息存储，包括收集交易数据、生成数据区块、对本地数据进行合法性校验，以及将校验通过的区块加到链上。账本层将上一个区块的签名嵌入下一个区块中组成块链式数据结构，使数据完整性和真实性得到保障，这正是区块链系统防篡改、可追溯特性的来源。典型的区块链系统数据账本设计采用了一种按时间顺序存储的块链式数据结构。

账本层有两种数据记录方式，分别是基于资产和基于账号的。基于资产的数据模型中，首先以资产为核心进行建模，然后记录资产的所有权，即所有权是资产的一个字段。基于账号的数据模型中，建立账号作为资产和交易的对象，资产是账号下的一个字段。相比而言，基于账号的数据模型可以更方便地记录、查询账号相关信息，基于资产的数据模型可以更好地适应并发环境。为了获取高并发的处理性能，并且及时查询到账号的状态信息，多个区块链平台正向两种数据模型的混合模式发展。

【课堂训练 2-1】请简述你对区块账本概念的理解。

【课堂训练 2-2】请简述区块账本生态系统的组成部分。

2.1.2 区块结构

真实的区块链是一条长度不断增长的链表结构，主要由区块和哈希指针构成。区块是收纳交易的容器，俗称的矿工挖矿就是把交易打包到区块中，然后把这个区块告诉其他矿工："嘿，各位矿友们，这些交易我已经打包在这个块里了，你们不用管这些交易了，继续在我的后面打包其他交易到新的块里吧"。区块链和区块的结构如图 2-1 所示。

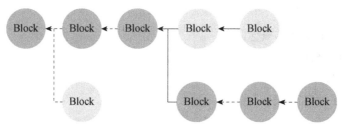

图 2-1 区块链和区块的结构

由图 2-1 可知，区块是区块链的核心主体，一个区块主要由两部分组成：区块头和由交易列表构成的区块主体。具体可以用表 2-1 表示比特币区块整体结构。

表 2-1 比特币区块整体结构

区块整体结构		说　　明
	区块大小（4 字节）	用字节表示该字段之后的区块大小
区块头 （80 字节）	区块版本号（ver, 4 字节）	区块版本号
	父区块头哈希值（pre_block, 32 字节）	前一个区块头的哈希值

(续表)

区块整体结构		说　　明
区块头 （80 字节）	Merkle 根哈希（mrkl_root, 32 字节）	交易列表生成的默克尔树根哈希
	时间戳（time，4 字节）	该区块产生的近似时间，精确到秒的 UNIX 时间戳
	难度目标（bits，4 字节）	难度目标，挖矿难度值
	Nonce（4 字节）	挖矿过程中使用的随机值
区块主体	交易计数器（Transaction counter, 1-9 字节）	该区块包含的交易数量，包含 coinbase 交易
	交易列表（transactions，不定）	记录在区块里的交易信息

【课堂训练 2-3】一个区块由哪几部分组成？

【课堂训练 2-4】请简要说明一个区块的整体结构。

2.1.3　创世区块

区块链里的第一个区块创建于 2009 年，被称为创世区块。它是区块链里面所有区块的共同祖先，这意味着你从任一区块循序回溯，最终都将到达创世区块。因为创世区块已经预先写入到比特币客户端软件里，这能确保创世区块不会被改变。每一个节点都"知道"创世区块的哈希值、结构、被创建的时间和里面的每一个交易。因此，每个节点都把该区块作为区块链的首区块，从而构建了一个安全、可信的区块链的根。

创世区块是区块链上的第一个区块，比特币区块链的创世区块信息如图 2-2 所示。

```
$ bitcoin-cli getblock 000000000019d6689c085ae165831e934ff763ae46a2a6c172b3f1
b60a8ce26f
{
    "hash" : "000000000019d6689c085ae165831e934ff763ae46a2a6c172b3f1b60a8ce26f",
    "confirmations" : 286388,
    "size" : 285,
    "height" : 0,
    "version" : 1,
    "merkleroot" : "4a5e1e4baab89f3a32518a88c31bc87f618f76673e2cc77ab2127b7af
deda33b",
    "tx" : [
        "4a5e1e4baab89f3a32518a88c31bc87f618f76673e2cc77ab2127b7afdeda33b"
    ],
    "time" : 1231006505,
    "nonce" : 2083236893,
```

图 2-2　比特币区块链的创世区块信息

中本聪挖出的比特币创世区块还包含这样一句话"The Times 03/Jan/2009 Chancellor on brink of second bailout for banks"。这句话是《泰晤士报》当天的头版文章标题，引用这句话既是对该区块产生时间的说明，也可视为半开玩笑地提醒人们一个独立的货币制度的重要性，同时告诉人们随着比特币的发展，一场前所未有的世界性货币革命将要到来。该消息由比特币的创立者中本聪嵌入创世区块中。

【课堂训练 2-5】请简述创世区块的由来。

【课堂训练 2-6】请简要说明创世区块包含的信息有哪些。

任务实施

2.1.4 编码创建区块

1. 区块结构设计

```python
#区块结构设计
import time
import hashlib
class Block:
    # 初始化一个区块
    def __init__(self,previous_hash,data):
        self.index = 0
        self.nonce = ''
        self.previous_hash = previous_hash
        self.time_stamp = time.time()
        self.data = data
        self.hash = self.get_hash()
    # 获取区块的hash
    def get_hash(self):
        msg = hashlib.sha256()
        msg.update(str(self.previous_hash).encode('utf-8'))
        msg.update(str(self.data).encode('utf-8'))
        msg.update(str(self.time_stamp).encode('utf-8'))
        msg.update(str(self.index).encode('utf-8'))
        return msg.hexdigest()
    # 修改区块的hash值
    def set_hash(self,hash):
        self.hash = hash
```

2. 生成创世区块

```python
# 生成创世区块,这是第一个区块,没有前一个区块
def creat_genesis_block():
    block = Block(previous_hash='0000',data='Genesis block')
    nonce,digest = mime(block=block)
    block.nonce = nonce
    block.set_hash(digest)
    return block
```

3. 生成区块设计

```python
#生成区块设计
def mime(block):
    """
```

```
挖矿函数——更新区块结构，加入nonce值
    block:挖矿区块
"""
i = 0
prefix = '0000'
while True:
    nonce = str(i)
    msg = hashlib.sha256()
    msg.update(str(block.previous_hash).encode('utf-8'))
    msg.update(str(block.data).encode('utf-8'))
    msg.update(str(block.time_stamp).encode('utf-8'))
    msg.update(str(block.index).encode('utf-8'))
    msg.update(nonce.encode('utf-8'))
    digest = msg.hexdigest()
    if digest.startswith(prefix):
        return nonce,digest
    i+=1
```

4. 生成区块链结构设计

```
#生成区块链结构设计
"""
区块链设计
"""
from Block import *
# 区块链
class BlockChain:
    def __init__(self):
        self.blocks = [creat_genesis_block()]
    # 添加区块到区块链上
    def add_block(self,data):
        pre_block = self.blocks[len(self.blocks)-1]
        new_block = Block(pre_block.hash,data)
        new_block.index = len(self.blocks)
        nonce,digest = mime(block=new_block)
        new_block.nonce = nonce
        new_block.set_hash(digest)
        self.blocks.append(new_block)
        return new_block
```

5. 运行区块链代码

```
#运行区块链代码
from BlockChain import *
# 创建一个区块链
bc = BlockChain()
# 添加区块
```

```
bc.add_block(data='second block')
bc.add_block(data='third block')
bc.add_block(data='fourth block')
for bl in bc.blocks:
    print("Index:{}".format(bl.index))
    print("Nonce:{}".format(bl.nonce))
    print("Hash:{}".format(bl.hash))
    print("Pre_Hash:{}".format(bl.previous_hash))
    print("Time:{}".format(bl.time_stamp))
    print("Data:{}".format(bl.data))
    print('\n')
```

任务评价

填写任务评价表,如表 2-2 所示。

表 2-2 任务评价表

工作任务清单	完成情况
学习区块账本基本概念	
学习区块整体结构	
认识创世区块	
编码创建区块	

任务拓展

【拓展训练 2-1】请简述如何实现区块数据的存储。

任务 2.2 生成 Merkle 树

任务情景

【任务场景】

区块链中的交易都是一个个独立的数据,这些数据如何高效保存和查询呢?利用 Hash 算法和 Merkle 树,我们就可以将数据高效地组织在一起。通过 Merkle 树最上端的 Merkle 根,就可以保证这些数据不被篡改并且可以利用生成路径上的哈希值来判断某一个数据是否属于这个 Merkle 树。

【任务布置】

(1)学习 Merkle 树基础知识。
(2)编码生成 Merkle 树。

知识准备

2.2.1 Merkle 树基础知识

Merkle 树是一种哈希二叉树，它是一种用作快速归纳和校验大规模数据完整性的数据结构，它是区块链技术里主要使用的数据结构原型。在比特币网络中，Merkle 树被用来归纳一个区块中的所有交易，同时生成整个交易集合的根哈希，并且提供了一种校验区块是否存在某交易的高效途径。生成一棵完整的 Merkle 树需要递归地对哈希节点（底层是交易哈希处理后的哈希节点）进行哈希操作，并将新生成的哈希节点插入 Merkle 树中，直到只剩一个哈希节点，该节点就是 Merkle 树的根。在比特币的 Merkle 树中两次使用到了 SHA256 算法，因此其加密哈希算法也被称为 double-SHA256。Merkle 树（哈希二叉树）如图 2-3 所示。

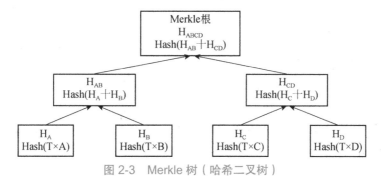

图 2-3　Merkle 树（哈希二叉树）

Merkle 根哈希是区块主体的核心浓缩，它是该区块中所有交易构成的哈希二叉树的根的哈希值。Merkle 树是自底向上构建的数据结构，所以可由根部搜寻到任何一个在该树中的数据，简而言之就是通过 Merkle 根哈希可以搜寻出任何一笔存储在该区块中的交易。同时又使得区块头存储的数据非常小，只有 32 字节，为快速验证交易（如 SPV）提供了可能。如图 2-4 所示就是比特币完整区块结构。

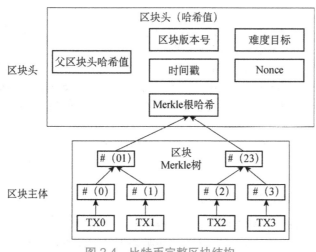

图 2-4　比特币完整区块结构

【课堂训练 2-7】请简要说明你对 Merkle 树的理解。

任务实施

2.2.2 Merkle 树生成实现

1. sha256 哈希函数的使用

(1) 声明使用 UTF-8 格式，并且引入哈希函数的包。

```python
# -*- coding:utf-8 -*-   #用于使用中文字符
import hashlib  #用于哈希运算
import random   #用于随机数生成
```

(2) 编写 list_hashing 函数，使得数据列表中的每一个数据都能够变为其对应的哈希值。

```python
#声明list_hashing函数，传入的参数除了自带的self，还有包括本区块所有交易数据的data_list，以列表形式表示
    def list_hashing(self, data_list):
        result_hash_list = list()  #声明输出结果变量，将其定义为一个列表
        for data in data_list:  #对于每一个在数据列表中的数据，都将其进行循环，以待后续进行哈希函数操作
            sha_256 = hashlib.sha256()  #声明一个hashlib库中的sha256函数
            sha_256.update(str(data).encode('utf-8'))  #将当前数据输入sha256函数中
            result_hash_list.append(sha_256.hexdigest())  #将sha256函数的输出转变为十六进制摘要并加入结果哈希列表当中
        return result_hash_list  #返回结果，是一个哈希列表
```

(3) 编写 catenate_hash 函数，将两个数据拼接在一起后进行 sha256 哈希操作，以十六进制摘要的形式输出。

```python
    def catenate_hash(self, data1, data2):  #定义catenate_hash函数，传入的参数包括两个数据，输出的结果为分别进行哈希操作后的拼接
        sha_256 = hashlib.sha256()  #声明一个hashlib库中的sha256函数
        sha_256.update(data1.encode("utf-8"))  #将第一个数据输入sha256函数中
        sha_256.update(data2.encode("utf-8"))  #将第二个数据拼接到第一个数据后面输入sha256函数中
        return sha_256.hexdigest()  #返回两个数据拼接在一起后的sha256函数并输出
```

2. 生成一棵 Merkle 树

(1) 建立 Merkle_Tree 类，编写初始化函数。

```python
class Merkle_Tree:  #声明Merkle_Tree类
    def __init__(self, data_list):  #声明类的初始化函数，传入的参数除了自带的self，还有包括本区块所有交易数据的data_list，以列表形式表示
```

```python
            self.data_list = data_list #类的data_list域被初始化为传入的data_list参
数,注意这里两个data_list一个是类内的数据,一个是初始化传入的参数
            self._merkle_tree = dict() #创建字典初始化Merkle树
            self.hash_list = self.list_hashing(data_list) #将所有数据转变为hash值,
并且依然按照原顺序排列为列表
            (self.hash_list, self.layer_length) = self.generate(self.hash_list)
#把所有hash值按照Merkle树生成规则生成树,generate函数编写见后面
            self.merkle_root                                                    =
self.hash_list["layer_{}".format(len(self.hash_list) - 1)] #将Merkle树的根节点
记录下来,也就是最高一层的那一个hash值
```

(2)编写 generate 函数,将本区块所有数据都进行哈希操作后生成多层 Merkle 树,输出为每一层树和树的层数。

```python
    def generate(self, data_list): #定义generate函数,参数包括本区块全部交易数据
        isOdd = True #定义一个变量来表示数据数量是否为奇数,先默认为奇数
        if len(data_list) % 2 == 0: #如果数据数量为偶数,则将标记变量置为偶数
            isOdd = False
        pair_num = int(len(data_list) / 2) #记录一共有多少对数据要两两哈希后
进入下一层。如果交易数据是偶数,则一共就是pair_num对;如果交易数据是奇数,则一共是pair_num
对加上一个落单的交易数据
        mt = dict() #将Merkle树定义为字典数据结构
        layer_count = 0 #记录Merkle树一共有多少层
        layer_list = list() #定义一个列表,用于记录"本层Merkle树中的内容"
        layer_length = list() #定义一个列表,用于记录每一层Merkle树的内容长度
        while len(layer_list) >= 1 or layer_count == 0 : #如果第一次进入此
循环,或者本层的Merkle树内容长度大于0(也就是本层还有内容),则继续循环;否则停止循环
            if layer_count == 0: #如果第一次进入此循环,则将本区块所有原始交易
数据直接赋给"本层Merkle树中的内容"变量
                layer_list = data_list
            mt["layer_{}".format(layer_count)] = layer_list #将 Merkle 树
的第0、1、2…层的内容分别记录下来(通过每层循环到此位置时)
            layer_length.append(len(layer_list)) #将Merkle树的每一层内容的
长度也记录下来
            layer_count += 1 #将Merkle树的层数加1
            if len(layer_list) == 1: #如果"本层Merkle树中的内容"长度只有1,
那么Merkle树已经建立完成,可以退出循环了,那个长度将1的内容就是Merkle树的根
                break
            next_layer_list = list() #定义"接下来一层Merkle树中的内容"变量,
是一个列表
            for i in range(pair_num): #对于本层每一对内容,都进行一次循环
                next_layer_list.append(self.catenate_hash(layer_list[2 *
i], layer_list[2 * i + 1])) #将本层所有成对的内容进行拼接后再进行哈希操作
            if isOdd == True: #如果存在落单的本层内容,那么将其自己和自己配对哈希
                next_layer_list.append(self.catenate_hash(layer_list[-1],
layer_list[-1]))
```

```
        layer_list = next_layer_list #将"接下来一层Merkle树中的内容"赋
给"本层Merkle树中的内容",准备进入下一层循环
        isOdd = True #默认为奇数个内容
        if len(layer_list) % 2 == 0: #如果下一层为偶数个内容,则标记为偶数
            isOdd = False
        pair_num = int(len(layer_list) / 2) #预先计算好下一层有多少个内
容对
    return mt, layer_length #返回Merkle树和每一层的长度
```

(3)测试Merkle树是否正常运行。

```
print("【Merkle树测试】") #开始Merkle数测试
    data_count = random.randint(8,20) #随机生成交易数据的个数,比如8~20个
    data = list() #声明交易数据变量,是一个列表
    for i in range(data_count):
        data.append("交易_{}".format(random.randint(0,200))) #对于每一个交易数
据,随机生成一个0~199的随机数X,叫作"交易_X",写入这个交易数据的内容
    print("本区块中原始共{}个交易数据:".format(len(data))) #输出本区块有多少个交
易数据
    print(data) #输出所有的交易数据
    mt = Merkle_Tree(data) #声明一个 Merkle_Tree 类变量mt,使用data对此变量进行
初始化
    print("Merkle树: ", mt.hash_list) #输出 Merkle 树的哈希列表,里面有每一层的
哈希值信息
    layer_count = len(mt.hash_list) #记录Merkle树一共有多少层
    print("Merkle Tree 层数为:{}".format(str(layer_count))) #输出 Merkle 树的
层数
    print("Merkle Tree 各层节点数为:",mt.layer_length) #输出 Merkle 树每一层的节
点数
    print("Merkle Tree 的 Top Hash 节点值:{}".format(str(mt.hash_list["layer_
{}".format(str(layer_count-1))]))) #输出 Merkle 树根节点的哈希值
```

(4)最后这个Merkle树的根节点值就是存储在本区块头的Merkle Root,结果如下(结果由于随机性一定会有不同,但是形式相同)。

本区块中原始共 16 个交易数据。

['交易_29','交易_60','交易_90','交易_65','交易_148','交易_72','交易_115','交易_145','交易_109','交易_59','交易_51','交易_93','交易_139','交易_146','交易_74','交易_148']
Merkle树: {'layer_0':
['946e58cde9c225464c6cc91fa25c11049a8249fafd5c829b253be9b56cf88d9b',
'7ef8ec3f0ae7b2cb73bacd090b1e7080be1cec9070af510e8cdb445fa487283b',
'4fcbc8ca8a4a0e05256272768f6bd9a4203f37971ca00d32f5e863a22dfacab3',
'd63dd70a6ff332d905853c317e6bddde9f385665e4123268387d2712cf8f8ca0',
'21ad282627663096349fdf6b3a48e407ecf570b70bcc3116daae6a691ec39a08',
'4d72ee9569efbac037c857ddcaac92d3197f479f7295905d8a042829afb5f973',

```
'0f85b11fc81b69b60ed52835174110881a05e2922a02d3449b3aedcce8e4d331',
'e6db367119d6587f47760a9ef10817abf5eb3f6f2429ccc6e51ce7a5dd3da955',
'97a0addda80cc1c246d50392ce1dc846478ed160d773c5e2b6c91f6bc75265f8',
'b6aab2c3534d9b353039412e42b0f346b4a198270c7cfa00a74d1ef436cabdc0',
'418cf25c00b638e9a6eeb6348921b600a413446f6c20d7abaa25e24b06a47d21',
'00415d5da3ee79e56ef5c1d429cd1352573b840b7cc320ac7252753ded5d7824',
'ac3b6b008740d8aa990771a5cd11fe4901397b852fefea1c8e5a7471ffb2137f',
'a2f4497c70a51ff378c4c0bd2b27518461230e760929733507ea186098b32764',
'df5303e7bc54e3cc9c9ebf1e1fd9154a524bfe837fb5ccd2b784cb429a0ac4bb',
'21ad282627663096349fdf6b3a48e407ecf570b70bcc3116daae6a691ec39a08'],
'layer_1':
['443e3ec2bbcf533f0ac1f62366c4ab06e744f3aba5aa667698db6d416983973e',
'6e08ba02089470ded4394534a4c20f0a3ab34c741f9784a14857c6d5e82dd35e',
'857f907bf1330e34060dd1b5dcb7ebfa1b8672e01b6b3966d1414b94aa439319',
'e6bd19d959d4cd5a82a2c44da2b0e07ea0d03d40878c78780ddcd4d3699bc1b8',
'a20eab36a587cfcc72c8a21f1bc551da94ba57c1dc3918a76484922fdf4d417e',
'45f72ff1a3c9d2c04b85984cb13926fca6e53ab9aba6e6ee2a8ea80d34110e8d',
'3ccf063dd9d375bec0eff5d91b676f70a41cb0ec3b8a3bf37bb7bae3647e3e5c',
'c0cf4c5323da083dbbe8fa45c21f73f5476c3de40e64cd8c9b2b6674da058423'],
'layer_2':
['debb29ef27a1a1bbf3ccf232f57c7e56828db92bb731989d552065b278754765',
'6bc5651bd64a67281e4393ddbff9ac7d264c7242312f9ffb85c8e50657fe1913',
'624469195d2596fe6c794bef87b10fa40dee5cc114ff3291216d3fe82b7ef64b',
'60771957bed11545284789b7dc58ff516723c2f606788423e7ea77eea4261e48'],
'layer_3':
['3030ec91d2c48353e9fd4e33f8af2f5528a60fca2327ba7a211fb61c57094a06',
'167fb7af3bb3e3320f5dfe3ddf39ecbebecb211727243f2665f5d979e05b0c87'],
'layer_4':
['61f155cfa29930a21159ae8ececd38c5225f192139c0f389ce6b9da41225ada7']}
    Merkle Tree 层数为: 5
    Merkle Tree 各层节点数为: [16, 8, 4, 2, 1]
    Merkle Tree 的 Top Hash 节点值:
        ['61f155cfa29930a21159ae8ececd38c5225f192139c0f389ce6b9da41225ada7']
```

任务评价

填写任务评价表，如表 2-3 所示。

表 2-3 任务评价表

工作任务清单	完成情况
学习 Merkle 树基础知识	
编码生成 Merkle 树	

任务拓展

【拓展训练 2-2】生成 Hash List，并分析其与 Merkle 树的区别与联系。

任务 2.3　LevelDB 数据存取

任务情景

【任务场景】

假设在某个业务场景中，存储压力较大，写操作远大于读操作，并且读操作集中在最近写入的数据中，要求根据 LevelDB 的特点，编码实现高效的业务数据存取操作。

【任务布置】

（1）学习账本存储基础知识。
（2）学习 LevelDB 基础知识。
（3）编码实现 LevelDB 数据存取。

知识准备

2.3.1　账本存储

以比特币为代表的经典区块链核心客户端使用 Google 的 LevelDB 存储区块链元数据。区块被从远及近有序地连接在这个链条里，每个区块都指向前一个区块。区块链经常被视为一个垂直的栈，第一个区块作为栈底的首区块，随后每个区块都被放置在之前的区块之上。用栈来形象化地表示区块依次堆叠这一概念后，我们便可以使用一些术语，例如，"高度"表示区块与首区块之间的距离，"顶部"或"顶端"表示最新添加的区块。如图 2-5 所示是比特币区块账本存储的逻辑结构。

【课堂训练 2-8】请简述账本存储是如何实现的。

2.3.2　LevelDB

LevelDB（默认的 KV 数据库）：支持键的查询、组合键的查询、键范围查询，是默认的状态数据库。LevelDB 是采用 C++编写的一种高性能嵌入式数据库，没有独立的数据库进程，占用资源少，速度快。它有如下一些特点。

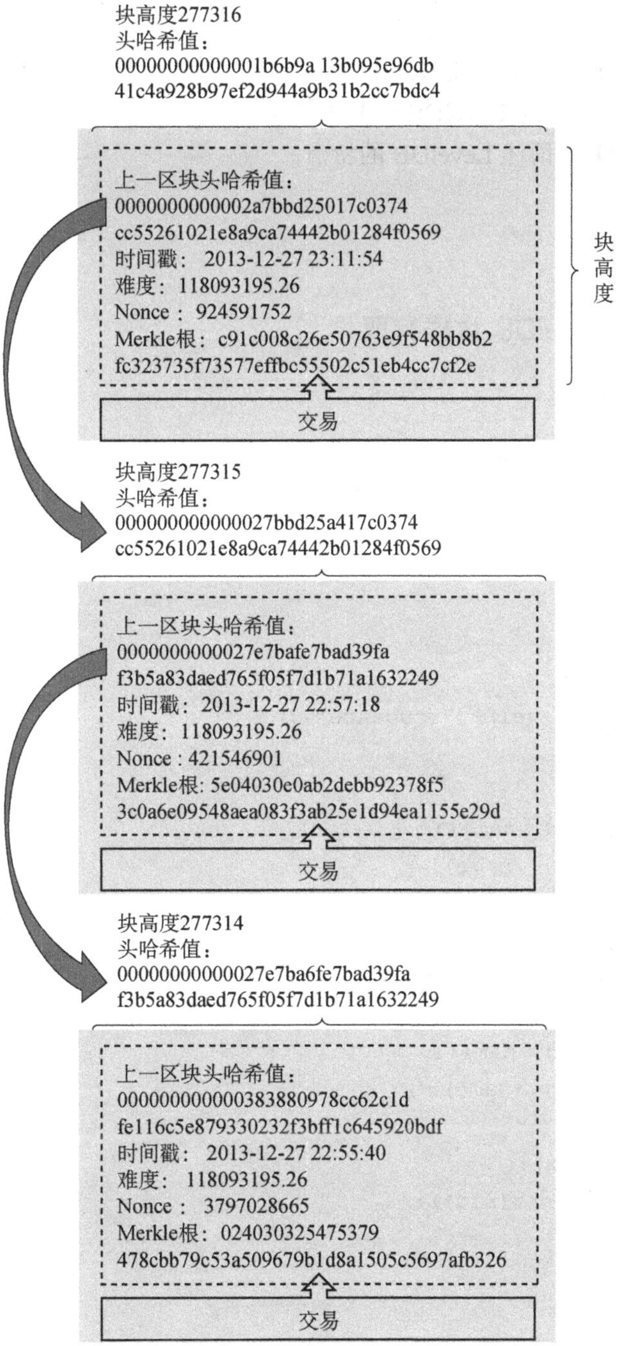

块高度277316
头哈希值：
00000000000001b6b9a 13b095e96db
41c4a928b97ef2d944a9b31b2cc7bdc4

```
上一区块头哈希值：
0000000000002a7bbd25017c0374
cc55261021e8a9ca74442b01284f0569
时间戳：2013-12-27 23:11:54
难度：118093195.26
Nonce：924591752
Merkle根：c91c008c26e50763e9f548bb8b2
fc323735f73577effbc55502c51eb4cc7cf2e
```
交易

块高度277315
头哈希值：
000000000000027bbd25a417c0374
cc55261021e8a9ca74442b01284f0569

```
上一区块头哈希值：
0000000000027e7bafe7bad39fa
f3b5a83daed765f05f7d1b71a1632249
时间戳：2013-12-27 22:57:18
难度：118093195.26
Nonce：421546901
Merkle根：5e04030e0ab2debb92378f5
3c0a6e09548aea083f3ab25e1d94ea1155e29d
```
交易

块高度277314
头哈希值：
00000000000027e7ba6fe7bad39fa
f3b5a83daed765f05f7d1b71a1632249

```
上一区块头哈希值：
00000000000383880978cc62c1d
fe116c5e879330232f3bff1c645920bdf
时间戳：2013-12-27 22:55:40
难度：118093195.26
Nonce：3797028665
Merkle根：024030325475379
478cbb79c53a509679b1d8a1505c5697afb326
```
交易

图2-5　比特币区块账本存储的逻辑结构

（1）键和值可以是任意的字节数组。
（2）数据是按键排序后存储的。
（3）可以自定义排序方法。
（4）基于键的基本操作包括：Put（key, value）；Get（key）；Delete（key）。
（5）支持批量修改的原子操作。
（6）支持创建快照。

（7）支持对数据前向和后向的迭代操作。
（8）数据采用 Snappy 压缩技术。

【课堂训练 2-9】请简述 LevelDB 的基本概念。

【课堂训练 2-10】请简述 LevelDB 的特点。

任务实施

2.3.3 编码实现 LevelDB 数据存取

1. 安装 LevelDB

```
pip install py-leveldb
```

2. 操作 levelDB 实例

```
import leveldb
import os, sys

def initialize():
    db = leveldb.LevelDB("students");
    return db;

def insert(db, sid, name):
    db.Put(str(sid), name);

def delete(db, sid):
    db.Delete(str(sid));

def update(db, sid, name):
    db.Put(str(sid), name);

def search(db, sid):
    name = db.Get(str(sid));
    return name;

def display(db):
    for key, value in db.RangeIter():
        print (key, value);

db = initialize();

print "Insert 3 records."
insert(db, 1, "Alice");
insert(db, 2, "Bob");
```

```
insert(db, 3, "Peter");
display(db);

print "Delete the record where sid = 1."
delete(db, 1);
display(db);

print "Update the record where sid = 3."
update(db, 3, "Mark");
display(db);

print "Get the name of student whose sid = 3."
name = search(db, 3);
print name;

os.system("rm -r students");
```

任务评价

填写任务评价表，如表 2-4 所示。

表 2-4　任务评价表

工作任务清单	完成情况
学习账本存储基础知识	
学习 LevelDB 基础知识	
编码实现 LevelDB 数据存取	

任务拓展

【拓展训练 2-3】使用实验数据验证 LevelDB 的读写性能。

归纳总结

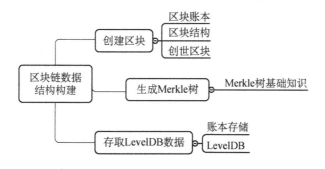

测试习题

一、填空题

1. 区块账本生态系统有三个主要组成部分：_____、_____、_____ _____。

2. 真实的区块链是一条长度不断增长的链表结构，主要由_____和_____构成。

3. 区块链里的第一个区块创建于_____年，被称为_____。

二、单项选择题

1. 比特币区块中不包含哪一项数据？（　　）
   A. Merkle 根　　　　　　　　　　B. 父哈希
   C. 子哈希　　　　　　　　　　　　D. Nonce

2. 从底层实现来看，区块链主要都是采用"区块+链"的结构方式来组织存储交易数据；近年来还有一些平台是采用 DAG 的方式来组织交易，DAG 是指（　　）。
   A. 有向有环图　　　　　　　　　　B. 有向无环图
   C. 无向有环图　　　　　　　　　　D. 无向无环图

3. 在比特币的 Merkle 树中两次使用到了 SHA256 算法，因此其加密哈希算法也被称为（　　）。
   A. double-SHA256　　　　　　　　B. 2-SHA256
   C. second-SHA256　　　　　　　　D. twice-SHA256

技能训练

1. 编码实现区块的创建。
2. 编码生成 Merkle 树。
3. 编码实现 LevelDB 数据存取。

单元 3 以太坊初探

学习目标

通过本单元的学习，使学生能够掌握区块链中以太坊平台、以太坊账号交易、智能合约基本知识，掌握如何使用以太坊终端及 IDE。培养学生使用以太坊客户端、独立搭建以太坊开发环境及使用 Geth 节点的技能。

任务 3.1 认识以太坊

任务情景

【任务场景】

在区块链应用场景中，如何使用以太坊客户端？怎样使用 Remix IDE 部署智能合约？

【任务布置】

（1）学习以太坊平台基本知识。
（2）学习以太坊账号交易。
（3）了解智能合约。

知识准备

3.1.1 以太坊平台

以太坊是典型的公有链，以太坊平台是一个运行智能合约去中心化的平台，是一台"世界计算机"。该平台支持图灵完备的分布式应用，按照智能合约所约定的逻辑自动执行，理想情况下将不存在攻击、欺诈等问题。

以太坊是由它的创始人 Vitalik Buterin 提出的，目前该平台支持 Go、C++、Python 等多种语言实现的客户端，智能合约使用 Solidity 语言实现。

我们来看看以太坊发展历史上的一些重要时间节点。2013年年底，Vitalik Buterin 提出在比特币一样的去中心化网络上运行任意图灵完备的应用程序（以太坊白皮书）；2014年7月，以太币预售，共筹集超过1800万美元的比特币；2016年6月，DAO众筹受到漏洞攻击，造成价值超过5000万美元的以太币被冻结，通过硬分叉解决。

以太坊支持图灵完备的智能合约，以及支持智能合约的虚拟机 EVM 选用了内存需求较高的哈希函数，避免出现强算力矿机和矿池攻击。以太坊拥有叔块（Uncle Block）激励机制，并通过 Gas 限制代码执行命令数减少区块产生间隔时间（15秒左右），避免循环执行攻击，支持 POW 共识算法，并支持效率更高的 POS 算法。

【课堂训练3-1】请简述你对以太坊平台的理解。

【课堂训练3-2】请简述以太坊都有哪些特点。

3.1.2 以太坊账号交易

以太坊中的账号主要分为两种类型，如图3-1所示。第一种为合约账号，用于存储智能合约代码。当合约账号被调用时，存储其中的智能合约会在节点的虚拟机中执行，并消耗一定的燃料。第二种是外部账号，它是以太币拥有者账号，对应到拥有者公钥，可以创建交易发给其他合约账号或外部账号。上述两种账号拥有相同的地址空间和数据结构，但是功能不同。外部账号由用户用公钥和私钥控制，合约账号由合约编译后的 code 控制。

图 3-1 以太坊账号类型

以太坊中的交易是指从一个账号发送到其他账号的消息数据，根据用途可以分为转账、创建合约和调用合约三种类型。每个交易包含下面一些字段，例如，Recipient 字段指目标账号地址；Amount 字段指可以指定转移的以太币数量；AccountNonce 字段指记录已发送过的交易序号，用于防止交易被重放；Price 字段指执行交易需要消耗的 Gas 价格；GasLimit 字段指交易执行允许消耗的最大 Gas 值；Signature 字段指签名相关数据。

以太坊的交易可以看成是状态转移。我们可以将以太坊看作分布式状态机，通过交易实现状态转移，以太坊所有的节点维护相同的状态。交易状态转移如图3-2所示，这里的初始状态是地址1拥有1024 eth，地址2拥有5202 eth，经过一笔地址1向地址2转账10eth 的交易后，网络中的状态变成了地址1拥有1014 eth，地址2拥有5212 eth，这就是交易对状态的改变。

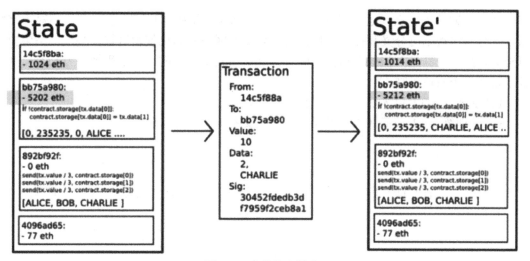

图 3-2　交易状态转移

如图 3-3 所示为以太坊的区块结构，和一般区块结构有一些区别，以太坊中有叔块的概念，在区块体中不止存储了交易，还存储了叔块，就是图 3-3 中的 Uncles，在区块头中也存储了叔块哈希 UncleHash。叔块是指当两个独立的矿工先后发现了两个不同的满足要求的区块时，产生了临时分叉，这里带有笑脸图标的区块就是叔块，虽然它失败了，但仍然是高度 1 的区块的子区块，是高度 2 的兄弟区块。于是，高度 3 的区块就尊称带有笑脸图标的区块为叔叔，叔块就是这么得名的。不能成为主链一部分的孤儿区块，如果有幸被后来的区块通过 Uncles 字段收留进区块链就变成了叔块，如图 3-3 中左下角的区块。

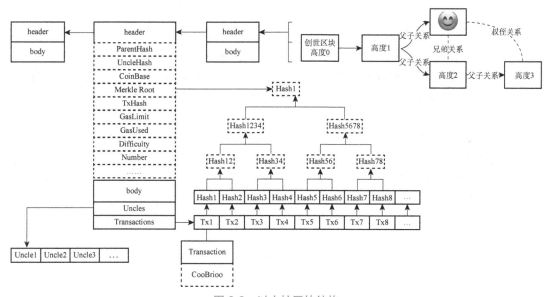

图 3-3　以太坊区块结构

如果一个孤儿区块没有被任何区块收留，这个孤儿区块还是会被丢弃，不会进入区块链，也就是说孤儿区块被收留后才会变成叔块。以太坊的设计比比特币人性得多，叔块也是可以获得奖励的，矿工们再也不用担心白忙活了。而且如果哪个区块把叔块收留了，收留了叔块的区块还有额外的奖励，收留叔块也被称为包含叔块。

那么以太坊为什么要这么设计呢？因为以太坊的区块时间是 15 秒左右，相对于比特币，更容易出现临时分叉和孤儿区块。而且较短的区块时间也使得区块在整个网络中更难以充分传播，尤其是对那些网速慢的矿工，这是极其不公平的。为了平衡各方利益，才设计了这样一个叔块机制。

【课堂训练 3-3】以太坊的账号类型有哪些？

【课堂训练 3-4】请简述以太坊是如何发生交易的状态转移的。

3.1.3 智能合约

以太坊是运行智能合约的平台，智能合约是一段可以部署运行在以太坊上的程序（代码和数据的集合），智能合约可以接受外部的交易请求和事件，进而触发提前编写好的合约代码，还可以生成新的交易和事件，进一步调用其他智能合约；智能合约是确定性的"单线程"的程序，即在所有节点上运行结果一样。

智能合约运行在以太坊虚拟机中，调用智能合约需要消耗交易手续费 Gas。Gas 可以节约资源，解决停机问题费用，Gas 以以太币计价，例如，普通转账会消耗 21 000 Gas。以太坊的最小单位是 wei，也是我们在命令行中显示的默认单位，它的单位换算如表 3-1 所示，每 1000 进一个单位。

表 3-1 以太坊单位换算

kwei	1000wei
Mwei	1000 kwei
Gwei	1000 Mwei
szabo	1000Gwei
finney	1000szabo
ether	1000finney

在以太坊平台上运行的智能合约编程语言一般为 Solidity 语言，它是类 JavaScript 语言，文件后缀为".sol"。智能合约在编译时会将高级语言 Solidity 编译为以太坊虚拟机能理解的字节码。

一般智能合约的使用步骤是先编写合约，然后编译、部署、调用合约，这个过程也可以对合约进行监听。

【课堂训练 3-5】请简述智能合约的使用流程。

【课堂训练 3-6】请简述你对智能合约的理解。

任务实施

3.1.4 编程实现智能合约

编写第一个智能合约。在这段代码中，定义了一份名为 HelloWorld 的合约，它的功能是输出一段字符串（可以理解为文字）"Hello World"。

```
pragma solidity ^0.4.18;
contract HelloWorld {
```

```
    string msg = 'Hello World';

    function helloworld(string _msg) public {
        msg = _msg;
    }
    function say() constant public returns (string) {
        return msg;
    }
}
```

首先，智能合约是用 Solidity 语言编写的，Solidity 就像 Python、C 语言一样，也是一种编程语言。

在代码的最开始，要声明编写这段智能合约使用的 Solidity 版本号，如图 3-4 所示。

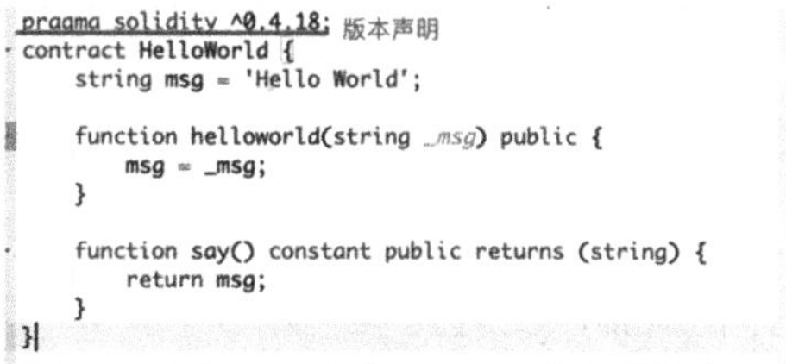

图 3-4　Solidity 语言版本声明

由于智能合约有很多个版本，不同的版本的部分语法可能会不一样，为了让其他程序员看懂代码，编写者需要让他们知道智能合约是用哪个版本的 Solidity 编写的，这样可以减少一些不必要的麻烦。

（1）合约声明。在创建合约时，需要对合约进行声明，即这个合约叫什么名字。

如图 3-5 所示就是对合约的声明，创建了一个合约名为 "HelloWorld" 的合约。

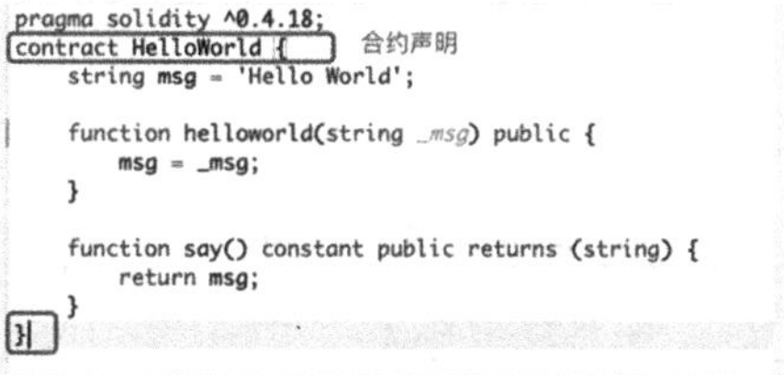

图 3-5　合约声明

（2）合约内容。在这个合约内容里有变量和合约方法，如图 3-6 所示。

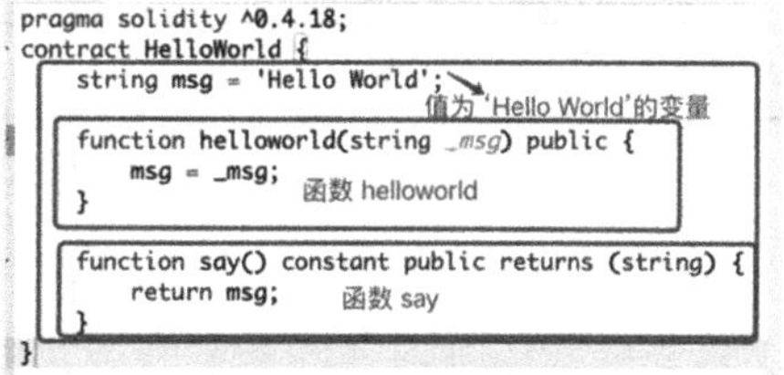

图 3-6　合约内容

在智能合约中可以定义很多个不同类型的变量，比如说这里 msg 就是一个 string（字符串）类型的变量。在合约里也可以定义很多个合约方法来实现不同的功能。例如，第一个函数 helloworld() 的功能是给 msg 这个变量进行赋值，第二个函数 say() 的功能就是输出 msg 的值。也就是说，可以使用 helloworld() 函数给 msg 赋值，然后使用 say() 函数在命令行里显示 msg 的值。在声明合约方法时，需要使用关键字 function，后面加上方法的名称和各种属性，如图 3-7 所示。

图 3-7　使用 function 关键字声明合约方法

请对下面这段智能合约进行分析，分析内容包括合约的版本、合约声明、变量、函数。

```
pragma solidity ^0.6.14;
contract Storage {

    uint number = 0;
    function store(uint num) public {
        number = num;
    }
    function retrieve() public view returns (uint){
        return number;
    }
}
```

任务评价

填写任务评价表，如表 3-2 所示。

表 3-2　任务评价表

工作任务清单	完成情况
学习以太坊平台	
学习以太坊账号交易	
了解智能合约	
编程实现智能合约	

任务拓展

【拓展训练 3-1】请编写一个输出 "blockchain" 的智能合约。

任务 3.2　使用以太坊客户端

任务情景

【任务场景】

以太坊是一个运行智能合约的去中心化平台,我们可以使用以太坊客户端 Geth 进行相关操作,包括账号操作、账号交易、部署智能合约等。

【任务布置】

（1）掌握终端的使用方法。
（2）学习以太坊客户端。
（3）掌握 Geth 的使用方法。

知识准备

3.2.1　什么是终端

一般操作系统分为两个部分,一部分称为内核,另一部分称为用户交互界面,如图 3-8 所示。内核部分负责系统的全部逻辑操作,由海量命令组成,这一部分是系统运行的命脉,不与用户接触;交互界面则是开机之后我们所看到的东西,比如窗口、软件、应用程序等。

图 3-8　操作系统的两个部分

如果想对系统内核的某些操作逻辑做出一些修改,应该怎么办呢?终端是连接内核与交互界面的桥梁,它允许用户在交互界面上打开一个叫作"Terminal 终端"的应用程序,在其中输入命令,系统会直接给出反馈。

因为终端这座桥,实际允许用户间接控制系统内核,也就是控制系统的大脑,因此它理论上具备控制一切的权利。

如图 3-9 至图 3-11 所示是不同操作系统的终端界面,其图 3-9 为 MacOS 终端命令行界面,图 3-10 为 Windows 终端命令行界面,图 3-11 为 Linux 终端命令行界面。

终端界面是一种命令行界面,它是在图形用户界面(我们现在用的界面)得到普及之前使用最为广泛的用户界面,它通常不支持鼠标,用户只能通过键盘输入命令,计算机接收到命令后执行对应的任务。

图 3-9　MacOS 终端命令行界面

图 3-10　Windows 终端命令行界面

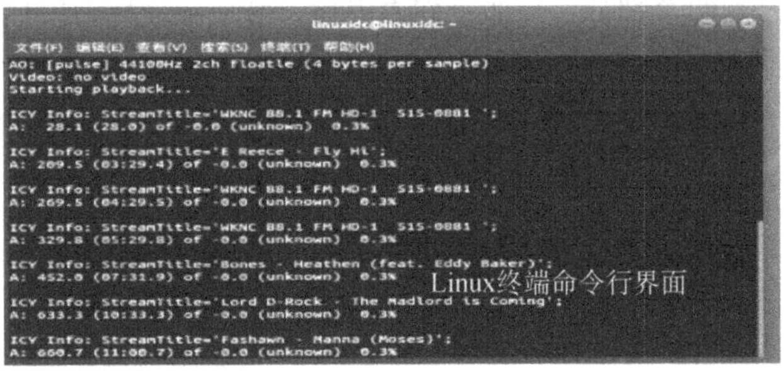

图 3-11　Linux 终端命令行界面

命令行，顾名思义就是用来执行一些命令的。在命令行里输入相应的命令，计算机就可以执行命令。如在命令行中输入命令"mkdir test1"，mkdir 是 make directory 的缩写，它的作用是在当前位置创建一个新的文件夹，mkdir 后面的字符就是文件夹的名称。"mkdir test1"命令的意思就是在当前文件夹中创建一个名为"test1"的文件夹。

初次进入终端时，我们所处的文件目录是用户的根目录，可以输入命令 ls 查看目录中都有哪些文件，如图 3-12 所示。

图 3-12　输入命令 ls 查看目录中的文件

可以看到，在根目录下已经有刚刚创建的文件夹 test1 了。接着，使用命令"cd test1"，cd 是 change directory 的缩写，这个命令的意思是改变当前所处的文件路径，简单来说，就是进入对应的文件夹，cd 后面的字符就是文件夹的名称。命令"cd test1"的意思就是进入刚刚创建的文件夹 test1。

【课堂训练 3-7】请简述终端在计算机操作中的作用。

3.2.2 什么是以太坊客户端

我们都知道，以太坊是一个开源项目，由"以太坊黄皮书"正式规范定义。除了各种以太坊改进提案，此正式规范还定义了以太坊客户端的标准行为。

以太坊客户端是一个软件应用程序，它实现以太坊规范并通过 P2P 网络与其他以太坊客户端进行通信。如果不同的以太坊客户端符合相同的参考规范和标准化通信协议，就可以进行相互操作。因为以太坊有明确的正式规范，以太网客户端有了许多独立开发的软件，它们之间又可以彼此交互。

【课堂训练 3-8】请简述以太坊客户端之间是通过什么通信的。

3.2.3 什么是 Geth

Geth 的全称为 Go-Ethereum，如图 3-13 所示，是目前最受欢迎的以太坊客户端之一，我们可以使用它来管理以太坊账号，部署执行智能合约，还可以用它下载以太坊主链的交易数据。

图 3-13　Go-Ethereum

为了与区块链进行通信，我们必须使用区块链客户端。客户端是能够与其他客户建立 P2P 通信信道、签署和广播交易、挖掘、部署和与智能合约交互等的软件。客户端通常被称为节点。

在以太坊黄皮书中有对以太坊节点必须遵循的功能的正式定义。黄皮书定义了网络上节点所需的函数、挖掘算法、私钥/公钥 ECDSA 参数。它定义了使节点与以太坊客户端完全兼容的全部功能。基于以太坊黄皮书，任何人都能够以他们认为合适的语言创建自己的以太坊节点。

迄今为止最受欢迎的客户端是 Geth 和 Parity，不同之处主要在于选择的编程语言：Geth 使用 Golang，而 Parity 使用 Rust。

【课堂训练 3-9】请简要说明为什么 Geth 是最受欢迎的以太坊客户端之一。

任务实施

3.2.4 Geth 应用实践

1. 终端的使用

打开命令行界面，在根目录中使用 mkdir 命令创建一个文件夹。

使用 ls 命令查看根目录中都有哪些文件，文件夹是否创建成功。

进入上述文件夹，在命令行中查看 Geth 版本号。

2. 开发者环境准备

进入 Geth 的开发者模式，开发者模式会默认预分配一个开发者账号并且自动开启挖矿。进入开发者模式的命令：geth --dev console。

--dev：启用开发者模式，开发者模式会使用 POA 共识，默认预分配一个开发者账号并且会自动开启挖矿。

console：进入控制台。

3. 开发环境的账号

在开发者模式中可以使用“eth.accounts”命令查看都有哪些账号（这里查看的是以太坊的账号地址），还可以使用“eth.getBalance("账号")”命令查看对应账号里的余额，括号里填入要查看的账号。例如，想查看账号“0xce4ea4f2e55945b8d172c2f37c9419dcf9b07b3b”的余额，使用这个命令即可：eth.getBalance("0xce4ea4f2e55945b8d172 c2f37c9419dcf9b07b3b")。

eth.getBalance(eth.accounts[a]) 命令可以根据账号所在位置的序号来查看账号余额，其中“a”代表了账号的序号，序号从 0 开始。

账号地址如图 3-14 所示，可见有 2 个账号。

```
> eth.accounts
["0xffd84fb9999edbf740b1f2480df890be15073f92", "0xe78ef2f95bf84235bc7496995bb7afd0f803dc9c"]
```

图 3-14 账号地址

如果想查看“0xe78ef2f95bf84235bc7496995bb7afd0f803dc9c”这个账号（第 2 个账号）的余额，使用这个命令即可：eth.getBalance(eth.accounts[1])。

4. 创建账号

personal.newAccount("testing1")命令可以创建一个新的账号，这里“testing1”并不是账号名，而是账号的密码。使用这个命令后，系统会返回账号地址。

5. 转账

使用 eth.sendTransaction({from: A, to: B, value: web3.toWei(number, unit)})命令可以进行转账，返回的值为交易哈希。这里 A 和 B 代表了从账号 A 转账到账号 B，“value”代表转账金额“web3.toWei(number, unit)”。将给定的资金转换为以 wei 为单位的数值，括号中 number 为数字，unit 为单位，这两个数据代表了要转多少钱。

这里涉及以太币的单位，以太币的最小单位为 wei，1 个 ether 相当于 10 的 18 次方 wei。以太坊单位换算如表 3-3 所示。比较常用的有 ether、Gwei 和 wei。

表 3-3　以太坊单位换算表

单位	wei 值	wei
wei	1	1
kwei（babbage）	1e3 wei	1,000
Mwei（lovelace）	1e6 wei	1,000,000
Gwei（shannon）	1e9 wei	1,000,000,000
Microether（szabo）	1e12 wei	1,000,000,000,000
Milliether（finney）	1e15 wei	1,000,000,000,000,000
ether	1e18 wei	1,000,000,000,000,000,000

假如要从 A 账号转给 B 账号 100 ether。

A 账号地址为"0xffd84fb9999edbf740b1f2480df890be15073f92"，是第一个账号。

B 账号地址为"0xe78ef2f95bf84235bc7496995bb7afd0f803dc9c"，是第二个账号。

那么可以使用语句：

```
eth.sendTransaction({from: "0xffd84fb9999edbf740b1f2480df890be15073f92", to: "0xe78ef2f95bf84235bc7496995bb7afd0f803dc9c", value: web3.toWei(100, "ether")})
```

当然也可以使用账号地址的序号来代表该账号进行转账：

```
eth.sendTransaction({from: eth.accounts[0], to: eth.accounts[1], value: web3.toWei(100, "ether")})
```

执行转账命令后，返回的值为此次转账交易的交易哈希值。

任务评价

填写任务评价表，如表 3-4 所示。

表 3-4　任务评价表

工作任务清单	完成情况
学习什么是终端	
学习什么是以太坊客户端	
学习什么是 Geth	

任务拓展

【拓展训练 3-12】使用 help 命令查看 Geth 客户端命令，在 Geth 中启动与停止挖矿。

任务 3.3　搭建以太坊开发环境

任务情景

【任务场景】

在开发智能合约时，我们需要搭建以太坊开发环境，Remix IDE Solidity 编译器可以在线编写智能合约，对智能合约进行编译、部署和调用。

【任务布置】

（1）掌握 Remix 的使用方法。
（2）掌握在 Remix 中部署智能合约的方法。
（3）掌握在 Geth 中部署智能合约的方法。

知识准备

3.3.1　什么是 Remix

Remix 是以太坊官方开源的 Solidity 在线集成开发环境，可以使用 Solidity 语言在网页内完成以太坊智能合约的在线开发、在线编译、测试习题、在线部署、在线调试与在线交互，非常适合 Solidity 智能合约的学习与原型快速开发。

Remix 为左中右三栏布局，左侧为 Remix 文件管理器，中间为文件编辑器及终端，右侧为开发工具面板。Remix 界面如图 3-15 所示。

图 3-15　Remix 界面

3.3.2 Remix 界面

1. Remix 文件管理器

文件管理器用来列出在浏览器本地存储中保存的文件，分为"browser"和"config"两个目录。第一次访问 Remix 时，在 browser 目录下有两个预置的代码："ballot.sol"合约，以及对应的单元测试文件"ballot_test.sol"。单击文件名就可以在中间的文件编辑器中查看并编辑代码。Remix 文件管理器顶部的工具栏提供创建新文件、上传本地文件、发布 gist 等快捷功能。文件目录界面如图 3-16 所示。

图 3-16　文件目录界面

2. Remix 文件编辑器及终端

Remix 中间区域为上下布局，分别提供文件编辑功能和终端访问功能。

Remix 中间区域上方的文件编辑器支持同时打开多个文件，当前激活的文件其文件名以粗体显示。Remix 文件编辑器界面如图 3-17 所示。

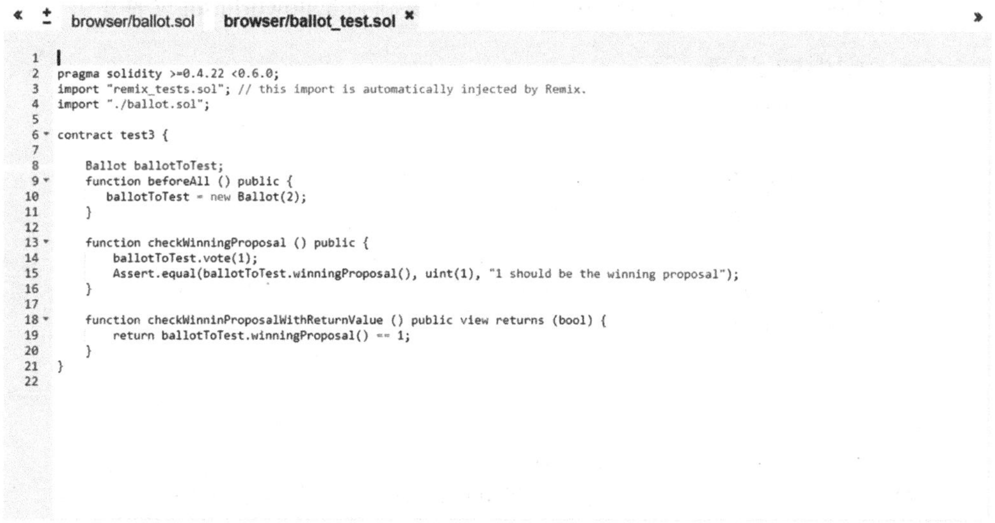

图 3-17　Remix 文件编辑器界面

Remix 中间区域下方为终端，可以输入 JavaScript 命令与 Remix IDE 或区块链节点交互。Remix 终端界面如图 3-18 所示。

图 3-18　Remix 终端界面

Remix 终端内置了 web3.js 1.0.0、ether.js、swarmgy 及当前载入的 Solidity 编译器，因此可以在终端内使用 web3 API 与当前连接的区块链节点交互。

Remix 终端还内置了 remix 对象，可以利用它来脚本化地操作 Remix IDE，例如载入指定 url 的 gist，或者执行当前显示的代码。将终端显示向上滚动到开始位置，就可以看到 remix 对象的常用方法描述。

Remix 终端的另一个作用是显示合约执行或静态分析的运行结果。例如，当你部署一个合约后或执行一个合约方法后，就会在终端看到它的执行信息。

【课堂训练 3-10】请简述 Remix 都有哪些功能。

任务实施

3.3.3　在 Remix 中部署智能合约

1.合约编译

进入在线 Remix IDE，将 HelloWorld 合约代码复制到 helloworld.sol 文件中并保存。

```
pragma solidity ^0.4.18;
contract HelloWorld {
    string msg = 'Hello World';
    function helloworld(string _msg) public {
        msg = _msg;
    }
    function say() constant public returns (string) {
        return msg;
    }
}
```

Remix 文件编辑器界面如图 3-19 所示。

复制成功后，单击如图 3-20 所示左侧菜单栏的第二个图标进行编译。

在如图 3-21 所示的 Remix 编译界面，选择编译的 Solidity 版本（见图 3-22），这里的版本和智能合约代码开头的版本应该一致。接着单击"Compile test.sol"按钮进行编译。

编译成功后会显示如图 3-23 所示的内容。

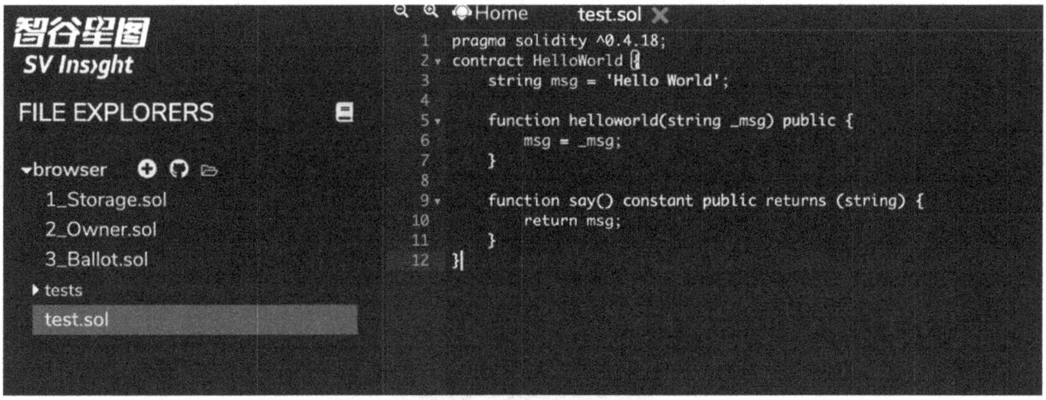

单元3 以太坊初探

图 3-19 Remix 文件编辑器界面

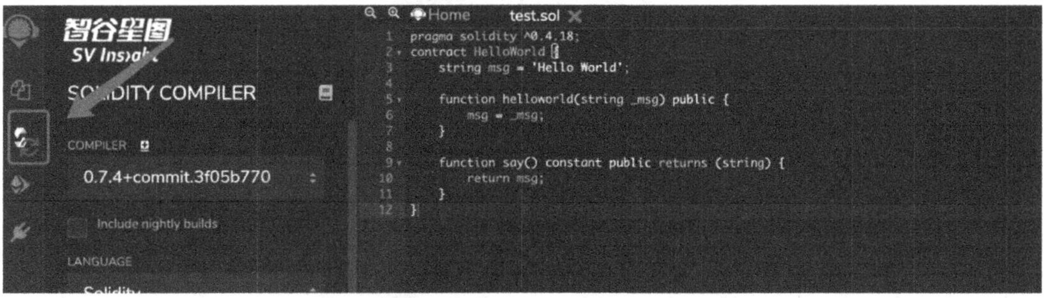

图 3-20 单击菜单栏的第二个图标进行编译

图 3-21 Remix 编译界面

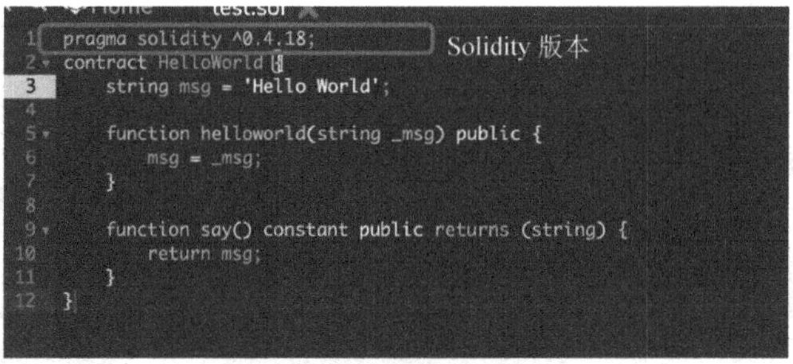

图 3-22 选择 Solidity 版本

图 3-23 编译结果

单击"Compliation Details"按钮可以查看编译结果。

2. 合约部署

合约编译完成后，进入合约部署界面，选择一个测试账号进行部署。合约部署界面如图 3-24 所示。

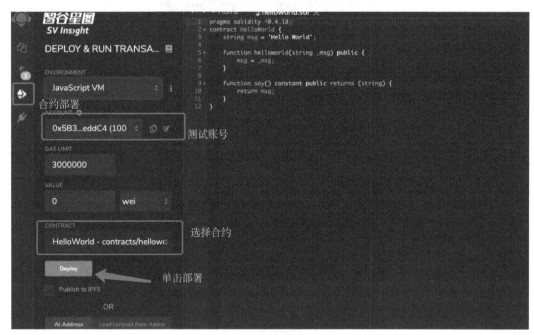

图 3-24 合约部署界面

部署成功后可以在如图 3-25 所示的控制台中查看部署信息。

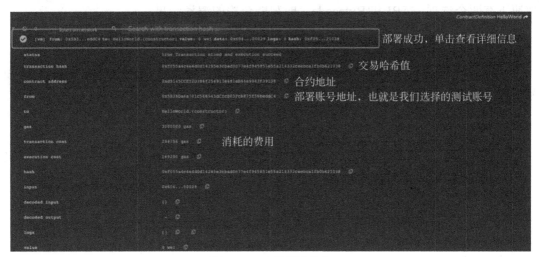

图 3-25　查看部署信息

3. 合约执行

在合约部署界面，合约部署成功后向下拉动，可以看到合约执行的相关信息，单击合约中的方法执行合约，执行成功后可以在右侧控制台看到返回信息，如图 3-26 所示。

图 3-26　合约执行返回信息

返回的信息内容包括交易哈希值、消耗的费用、输出等内容，这里的输出为"Hello World"。

4. 在 Geth 中部署合约

合约编译完成后会产生两个文件："ABI"和"Bytecode"，我们在命令行中部署合约时需要使用到这两个文件中的内容。

ABI 文件：ABI 指应用二进制接口 Application Binary Interface，是从区块链外部与合约进行交互及合约与合约间进行交互的一种标准方式。

Bytecode 文件：包含合约的字节码，是以太坊虚拟机能识别的语言。

在部署合约时，需要用到"Compilation Details"中的内容。在"Compilation Details"按钮下有两个选项：ABI 和 Bytecode，即智能合约的编译结果。

在部署合约时，还需要用到两个 JavaScript（一种 Web 页面脚本语言）语句。

语句 1：var simpletestContract = web3.eth.contract([...])。

上述语句可以创建一个名为"simpletestContract"的合约，"web3.eth.contract([...])"括号中的内容为合约编译结果 ABI 中的内容。

```
var simpletestContract = web3.eth.contract([
{
    "constant": false,
    "inputs": [
        {
            "name": "_msg",
            "type": "string"
        }
    ],
    "name": "helloworld",
    "outputs": [],
    "payable": false,
    "stateMutability": "nonpayable",
    "type": "function"
},
{
    "constant": true,
    "inputs": [],
    "name": "say",
    "outputs": [
        {
            "name": "",
            "type": "string"
        }
    ],
    "payable": false,
    "stateMutability": "view",
    "type": "function"
}
]);
```

接着部署这个新建的合约，即语句 2：

```
var simpletest = simpletestContract.new(
{
    from: web3.eth.accounts[0],
    data: '...',
    gas: '4700000'
```

```
    },
    function (e, contract){
      console.log(e, contract);
      if (typeof contract.address !== 'undefined') {
        console.log('Contract mined! address: ' + contract.address + '
transactionHash: ' + contract.transactionHash);
      }
   })
```

上述代码的功能是使用 accounts[0] 账号部署合约，data 中的内容为部署合约的字节码，Gas 为部署合约消耗的费用，后面的方法是定义当合约部署成功时，会输出"Contract mined!"和合约的地址及交易哈希值。

在 data 中需要补充部署合约的字节码，即 Bytecode 中"object"的内容。

```
var simpletest = simpletestContract.new( { from: web3.eth.accounts[0], data:
'0x6060604052604080519081016040528060b81526020017f48656c6c6f20576f726c60029
', gas: '4700000' }, function (e, contract){ console.log(e, contract); if (typeof
contract.address !== 'undefined') { console.log('Contract mined! address: ' +
contract.address + ' transactionHash: ' + contract.transactionHash); } })
```

将上述代码复制到命令行中运行，得到结果：ABI 和 Bytecode。

下面是 ABI 文件和 Bytecode 文件的源代码：

```
pragma solidity ^0.4.18;
contract HelloWorld {
    string msg = 'Hello World';
    function helloworld(string _msg) public {
        msg = _msg;
    }
    function say() constant public returns (string) {
        return msg;
    }
}
```

ABI 文件：

```
[
  {
    "constant": false,
    "inputs": [
      {
        "name": "_msg",
        "type": "string"
      }
    ],
    "name": "helloworld",
    "outputs": [],
```

```
            "payable": false,
            "stateMutability": "nonpayable",
            "type": "function"
        },
        {
            "constant": true,
            "inputs": [],
            "name": "say",
            "outputs": [
                {
                    "name": "",
                    "type": "string"
                }
            ],
            "payable": false,
            "stateMutability": "view",
            "type": "function"
        }
    ]
Bytecode 文件
    {
     "linkReferences": {},
     "object":
"606060405260408051908101604052806000b81526020017f48656c6c6f20576f726c6400000
000000000000000000000000000000000000081525060000908051906200190610
STATICCALL SWAP14 0x21 EXTCODESIZE 0x4a POP SUB 0x26 PUSH9 0x11AE908342BC002900
",
     "sourceMap":
"25:213:0:-;;;51:26;;;;;;;;;;;;;;;;;;;;;;;;;;;;;;;;;;;:i;;:-;;25:213;;;;;;;;
;;;;;;;;;;;;;;;;;;;;;;;;;;;;;;;;;;;;;;;;;;;;;;;;;;;;;;;;;;;;;;;;;;;;;;;;;;;;;;;
;;;;;;;;;;;;;;;;:i;;:-;;;::o;::-;;;;;;;;;;;;;;;;;;;;;;;;;;;::o;::-
;;;;;;;"
    }
```

5. 执行合约

helloworld 这个合约中有两个函数：helloworld() 函数和 say() 函数。say() 函数的功能是在命令行中显示 msg 的值，因此可以使用这个函数在命令行中执行合约。

可以使用"合约名.函数名()"这样的格式来调用合约中的函数。例如，已经部署了一个简单的合约"simpletest"，要调用这个合约中的 say() 函数，就可以使用命令"simpletest.say()"。如果返回的内容为"hello world"，则说明合约执行成功。

任务评价

填写任务评价表,如表 3-5 所示。

表 3-5 任务评价表

工作任务清单	完成情况
学习 Remix 的使用	
学习在 Remix 中部署合约的方法	
学习在 Geth 中部署合约的方法	

任务拓展

【拓展训练 3-3】简述编译、部署和调用智能合约的基本步骤。请在 Remix 中调用 helloworld 合约的 helloworld()方法。

归纳总结

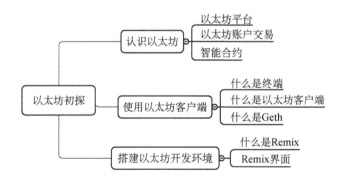

测试习题

一、填空题

1. 以太坊是典型的公有链,以太坊平台是一个运行_____的去中心化的平台,是一台世界计算机。该平台支持图灵完备的_____应用,按照智能合约所约定的逻辑自动执行,理想情况下将不存在_____等问题。

2. 以太坊中的账号主要分为两种类型:第一种为_____,用于存储智能合约代码;第二种是_____,它是以太币拥有者账号。

3. 以太坊的交易可以看成_____。可以将以太坊看作_____,通过交易实现状态转移,以太坊所有的节点维护相同的状态。

二、单项选择题

1. 下列关于叔块的说法中错误的是( )。

A. 在区块头中存储了叔块的哈希
B. 孤儿区块被收留后才会变成叔块
C. 叔块可以获得奖励
D. 叔块在主链上

2. 以太坊平台上运行的智能合约编程语言一般为（　　）。
   A. Python   B. Solidity
   C. JavaScript   D. Java

技能训练

请启动以太坊客户端，对下面的代码进行编译、部署和调用。

```solidity
pragma solidity ^0.6.14;
contract Storage {

    uint number = 0;
    function store(uint num) public {
        number = num;
    }
    function retrieve() public view returns (uint){
        return number;
    }
}
```

单元4 区块链平台部署

学习目标

通过本单元的学习，使学生能够理解 FSICO BCOS（金融级区块链底层平台）的基本概念，掌握 FISCO BCOS 的整体框架，掌握 FISCO BCOS 单群组和多群组的部署，掌握 FISCO BCOS 联盟链证书接入和账号管理方法。

任务 4.1 初识 FISCO BCOS

任务情景

【任务场景】

在实际区块链平台部署中，常会用到 FISCO BCOS 平台，因此首先需要了解联盟链底层平台 FISCO BCOS 在实际开发中的作用及相关架构。

【任务布置】

学习 FISCO BOCS 基本概念。

知识准备

4.1.1 FISCO BCOS 背景

FISCO BCOS 的发起单位 FISCO 金链盟（深圳市金融区块链发展促进会）是国内最大的联盟链组织，于 2016 年 5 月 31 日正式成立，是一个非营利组织。FISCO BCOOS 金链盟由微众银行等 20 余家金融机构和科技企业共同发起，目前已囊括金融机构、科技公司、高等院校等多个领域的 110 余家机构。

FISCO BCOS 是由国内企业主导研发、对外开源、安全可控的金融级区块链底层平台，由金链盟开源工作组协作打造，并于 2017 年正式对外开源。FISCO BCOS 以联盟链的实际需求为出发点，提供了可视化的中间件工具（WeBASE），大幅缩短了建链、开发、部署应用的时间。

截至 2020 年 5 月，FISCO BCOS 汇聚了超 1000 家企业及机构，逾万名社区成员参与共建共治，已发展成为最大最活跃的国产开源联盟链生态圈。

以 FISCO BCOS 联盟链底层平台为基础，FISCO 还提供了 WeIdentity、WeEvent、WeBASE 等组件。

FISCO 开源自研区块链技术方案如图 4-1 所示。

图 4-1　FISCO 开源自研区块链技术方案

（1）WeIdentity 是基于区块链的分布式多中心技术解决方案，提供分布式实体身份标识及管理、可信数据交换协议等一系列的基础层与应用接口，可实现实体对象（人或物）数据的安全授权与交换。

（2）WeEvent 是一套分布式事件驱动架构，实现了可信、可靠、高效的跨机构、跨平台事件通知机制，可在不改变已有商业系统的开发语言、接入协议的情况下，实现跨机构、跨平台的事件通知与处理。

（3）WeBASE（WeBank Blockchain Application Software Extension）是在区块链应用和底层节点之间搭建的中间件平台。WeBASE 逻辑架构如图 4-2 所示。

图 4-2　WeBASE 逻辑架构

【课堂训练 4-1】请简述 FISCO 都有哪些组件，各组件的功能是什么。

4.1.2 FISCO BCOS 简介

FISCO BCOS 的逻辑架构分为基础层、互联核心层、链核心层、管理层和接口层，如图 4-3 所示。

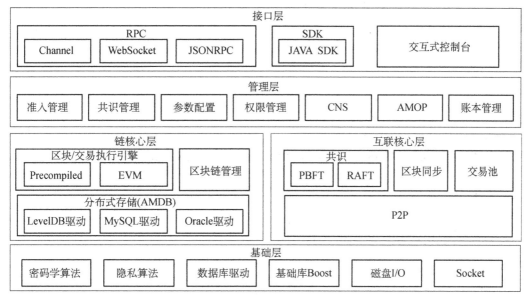

图 4-3　FISCO BCOS 逻辑架构

基础层提供区块链的基础数据结构和算法库，包括密码学算法、隐私算法等。

链核心层主要实现区块链的链式数据结构和数据存储（分布式存储），采用了不同的数据库（LevelDB、MySQL、Oracle）来存储区块数据。

互联核心层实现了区块链的基础 P2P 网络通信、共识机制和区块同步机制等。

相对于区块链基础架构，FISCO BCOS 细分出了管理层，用于实现区块链的管理功能，如参数配置、账本管理等。

接口层主要对应的是应用层，面向区块链用户，提供交互式控制台、各类应用接口等。

【课堂训练 4-2】请简述 FISCO BCOS 逻辑架构中互联核心层的功能。

任务评价

填写任务评价表，如表 4-1 所示。

表 4-1　任务评价表

工作任务清单	完成情况
学习 FISCO BCOS 背景	
学习 FISCO BCOS 简介	

任务拓展

【拓展训练 4-1】请简述还有哪些相关的联盟链开发平台。

任务 4.2　FISCO BCOS 网络部署

任务情景

【任务场景】

在 FISCO BCOS 中搭建部署各个节点，掌握 build_chain.sh 脚本开发部署工具的使用，掌握使用 FISCO BCOS generator 运维部署工具搭建多群组联盟链的方法。

【任务布置】

（1）学习 FISCO BCOS 部署工具的使用。
（2）掌握 FISCO BCOS 网络搭建方法。

知识准备

4.2.1　FISCO BCOS 部署工具

build_chain.sh 脚本是 FISCO BCOS 的开发部署工具，它可以帮助用户快速搭建 FISCO BCOS 联盟链。FISCO BCOS generator 是运维部署工具，它可以帮助企业用户部署、管理和监控多机构多群组联盟链。

1. build_chain.sh 脚本

build_chain.sh 脚本可以快速生成一条链中节点的配置文件，该脚本的功能如下（见图 4-4）。

（1）build_chain.sh -l：-l 选项可以指定生成链时节点的 IP 和数目。
（2）build_chain.sh -f：-f 选项可以使用指定格式的配置文件，创建复杂业务场景 FISCO BCOS 链。
（3）build_chain.sh -p：-p 选项可以指定生成节点时的端口。

如图 4-5 所示这条命令中，就用 -l 选项指定了节点 IP 为 "127.0.0.1"，生成节点个数为 "4"；用 -p 选项指定了节点端口为 "30300、20200、8545"，其中每个节点的端口号默认从 30300 开始递增，所有节点属于同一个机构和群组。

```
Usage:
 -l <IP list>        指定生成链时的节点的IP和数目
                     [Required] "ip1:nodeNum1,ip2:nodeNum2" e.g:"192.168.0.1:2,192.168.0.2:3"
 -f <IP list file>   [Optional] split by line, every line should be "ip:nodeNum agencyName groupList p2p_port,channel_port,
 -v <FISCO-BCOS binary version>  Default is the latest v${default_version}
 -e <FISCO-BCOS binary path>     Default download fisco-bcos from GitHub. If set -e, use the binary at the specified location
 -o <Output Dir>     Default ./nodes/
 -p <Start Port>     Default 30300,20200,8545 means p2p_port start from 30300, channel_port from 20200, jsonrpc_port from 8
 -q <List FISCO-BCOS releases>   List FISCO-BCOS released versions
 -i <Host ip>        Default 127.0.0.1. If set -i, listen 0.0.0.0
 -s <DB type>        Default RocksDB. Options can be RocksDB / MySQL / Scalable, RocksDB is recommended
 -d <docker mode>    Default off. If set -d, build with docker
 -c <Consensus Algorithm>  Default PBFT. Options can be pbft / raft /rpbft, pbft is recommended
 -C <Chain id>       Default 1. set uint.
 -g <Generate guomi nodes>
 -z <Generate tar packet>   Default no     使用指定格式配置文件,支持创建各种复杂业务场景FISCO BCOS链
 -t <Cert config file>      Default auto generate
 -6 <Use ipv6>       Default no. If set -6, treat IP as IPv6
 -k <The path of ca root>   Default auto generate, the ca.crt and ca.key must in the path, if use intermediate the root.crt must
 -K <The path of sm crypto ca root>  Default auto generate, the gmca.crt and gmca.key must in the path, if use intermediate the gmroot.crt
 -D <Use Deployment mode>   Default false, If set -D, use deploy mode directory struct and make tar
 -G <channel use sm crypto ssl>   Default false, only works for guomi mode
 -X <Certificate expiration time>  Default 36500 days
 -T <Enable debug log>   Default off. If set -T, enable debug log
 -S <Enable statistics>  Default off. If set -S, enable statistics
 -F <Disable log auto flush>  Default on. If set -F, disable log auto flush
 -E <Enable free_storage_evm> Default off. If set -E, enable free_storage_evm
 -h Help             测试时开启log
e.g
```

图 4-4 build_chain.sh 脚本功能

```
student@lab-343-533818-27067-0-192829145569296567-5cbfcfb9f6-17xqt:~/fisco$ bash build_chain.
sh -l 127.0.0.1:4 -p 30300,20200,8545
[INFO] Downloading fisco-bcos binary from https://github.com/FISCO-BCOS/FISCO-BCOS/releases/d
ownload/v2.7.2/fisco-bcos.tar.gz ...
```

图 4-5 节点 IP 命令

当运行由 build_chain.sh 生成的区块链节点时,会自动创建如下的脚本文件。

(1) start_all.sh:启动当前目录下的所有节点,如图 4-6 所示。

(2) stop_all.sh:停止当前目录下的所有节点。

(3) download_console.sh:下载 console 控制台的脚本。

```
student@lab-343-533818-27067-0-192829145569296567-5cbfcfb9f6-17xqt:~/fisco$ bash nodes/127.0.
0.1/start_all.sh
try to start node0
try to start node1
try to start node2
try to start node3
node1 start successfully
node0 start successfully
node2 start successfully
node3 start successfully
```

图 4-6 使用 start_all.sh 脚本命令启动当前目录下的所有节点

2. FISCO BCOS generator 运维部署工具

FISCO BCOS generator 为企业用户提供了部署、管理和监控多机构多群组联盟链的便捷工具,如图 4-7 所示为多机构多群组联盟链结构。

1) FISCO BCOS generator 设计背景

(1) 数字证书和私钥。在联盟链中,多个对等机构之间是不完全信任的,类似于多个企业合作时,企业不会把所有数据都进行共享。联盟链的节点之间需要使用数字证书互相进行身份认证,拥有数字证书的节点才可以加入联盟链,生成证书的过程中需要使用机构本身的公钥和私钥对。节点数字证书实例如图 4-8 所示。

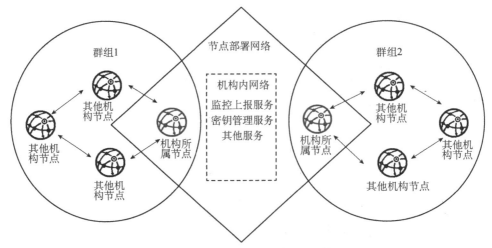

图 4-7　多机构多群组联盟链结构

图 4-8　节点数字证书实例

如果私钥泄露，则任何人都可以伪装成对应的机构，不经过该机构授权就行使该机构的权利。

（2）群组初始化。群组初始化过程中需要多个节点协商生成创世区块，创世区块中包含节点身份信息，这个身份信息需要通过交换数字证书来构建。原始的做法是由"某一机构"生成自己的节点信息，启动区块链，再加入其他机构的节点。这样，"某一机构"会优先加入联盟链中，获得所有节点的私钥，这会造成企业地位不对等，产生安全、隐私问题。

FISCO BCOS generator 设计了上述问题的解决方案：

- 灵活：无须安装；支持多种部署方式，支持多种架构改动。
- 安全：节点私钥不出内网，机构间只需要协商证书。
- 易用：支持多种组网模式、多种命令，监控审计脚本。
- 对等：机构地位对等，所有机构共同产生创世区块，机构对等地管理所属群组。

2）FISCO BCOS generator 基本功能

如图 4-9 所示为 generator 的基本功能，generator 可以更加灵活对等地对群组进行运维管理。

命令名称	基本功能
create_group_genesis	生成群组创世区块
build_install_package	部署新节点及新群组
generate_all_certificates	生成相关证书和私钥
generate_*_certificate	生成相应链、机构、节点、sdk证书及私钥
merge_config	将两个节点配置文件中的P2P部分合并
deploy_private_key	将私钥批量导入生成的节点配置文件夹中
add_peers	将节点连接文件批量导入节点配置文件夹中
add_group	将群组创世区块批量导入节点配置文件夹中
version	打印当前版本号
h/help	帮助命令

图 4-9 generator 基本功能

【课堂训练 4-3】请对 build_chain.sh 脚本的功能进行归纳。

【课堂训练 4-4】请简要阐述数字证书和私钥的作用。

4.2.2 FISCO BCOS 网络搭建

1）单群组 FISCO BCOS 联盟链

搭建单群组 FISCO BCOS 联盟链需要用到 build_chian.sh 开发部署工具。如图 4-10 所示为使用 build_chain.sh 脚本搭建单群组 FISCO BCOS 联盟链的流程。首先下载 build_chain.sh 脚本，接着使用 build_chain.sh 脚本生成 FISCO 链，然后启动 FISCO 链，检查进程和日志是否正常，如果异常，需根据日志检查问题所在，再次启动 FISCO 链，最后，需要配置控制台才能对 FISCO 链进行维护。

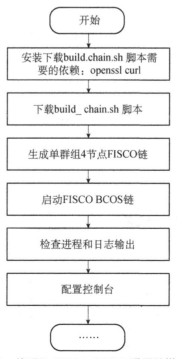

图 4-10 单群组 FISCO BCOS 联盟链搭建流程

控制台是对 FISCO 链进行维护的工具，可以对 FISCO 链进行创建账号、查看节点列表、查看账号余额等操作。单群组 FISCO BCOS 控制台界面如图 4-11 所示。

图 4-11　单群组 FISCO BCOS 控制台界面

2）多群组 FISCO BCOS 联盟链

除了单群组联盟链，还有多群组联盟链，如图 4-12 所示为一个 6 节点 3 机构 2 群组的多群组 FISCO BCOS 联盟链结构，机构 B 和机构 C 分别位于群组 1 和群组 2 中，机构 A、机构 C 同属于群组 1 和群组 2 中。

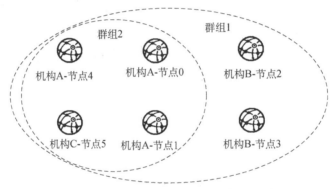

图 4-12　多群组 FISCO BCOS 联盟链结构

多群组联盟链的搭建会用到企业部署工具 generator，首先需要先创建单群组 4 节点结构，如图 4-13 所示。

图 4-13　单群组 4 节点结构

接着扩容两个新的节点到当前群组中,扩容后的单群组 6 节点结构如图 4-14 所示。

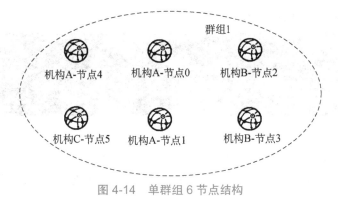

图 4-14　单群组 6 节点结构

最后新增群组 2,新增后就形成了多群组结构,如图 4-12 所示。
多群组 FISCO BCOS 联盟链搭建流程如图 4-15 所示。

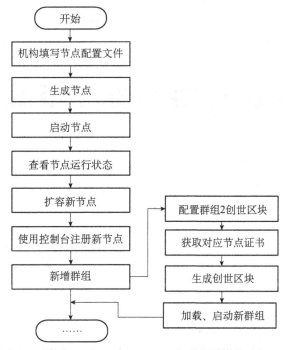

图 4-15　多群组 FISCO BCOS 联盟链搭建流程

【课堂训练 4-5】请简述 FISCO BCOS generator 的基本功能。

任务实施

4.2.3　搭建单群组 FISCO BCOS 联盟链

首先需要连接终端。本任务使用 build_chain.sh 脚本进行一键搭链,开发部署工具 build_chain.sh 脚本依赖于"openssl curl",可以使用以下命令安装依赖:

```
apt install -y openssl curl
```

依赖安装结果如图 4-16 所示。

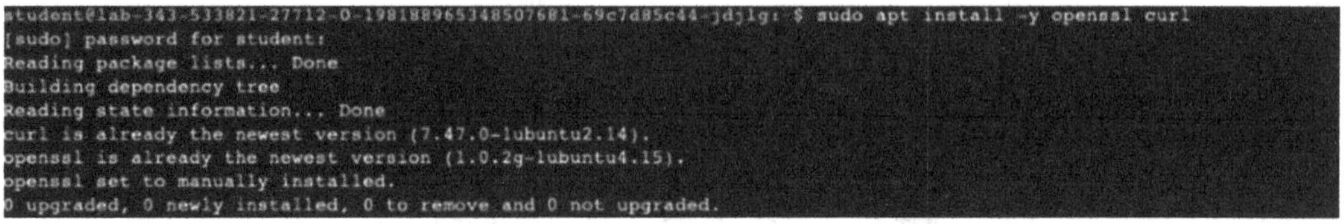

图 4-16 依赖安装结果

1）创建操作目录，下载安装脚本

在用户的 home 目录下，创建 fisco 目录，后续的操作都将在此目录下进行，命令如下：

```
cd ~ mkdir fisco
cd fisco
```

在 fisco 目录下，下载脚本 "curl -#LO https://osp-1257653870.cos. ap-guangzhou.myqcloud. com/FISCO-BCOS/FISCO-BCOS/releases/v2.7.2/build_chain.sh && chmod u+x build_chain.sh"。

如果下载失败，需要重复此命令，直到下载成功为止。build_chain 脚本下载成功如图 4-17 所示。

图 4-17 build_chain 脚本成功下载信息

2）搭建单群组 4 节点 FISCO 链

在 fisco 目录下执行如下命令，生成一条单群组 4 节点的 FISCO 链。请确保机器的 30300~30303、20200~20203、8545~8548 端口没有被占用。

```
bash build_chain.sh -l 127.0.0.1:4 -p 30300,20200,8545
```

其中，-p 选项指定起始端口，分别是 "P2P_port" "channel_port" "jsonrpc_port"。

channel_listen_ip 参考配置是 0.0.0.0，出于安全考虑，请根据实际业务网络情况修改为安全的监听地址，如内网 IP 或特定的外网 IP。

命令执行成功会输出 "All completed"，如果执行出错，请检查 "nodes/build.log" 文件中的错误信息。命令执行成功如图 4-18 所示。

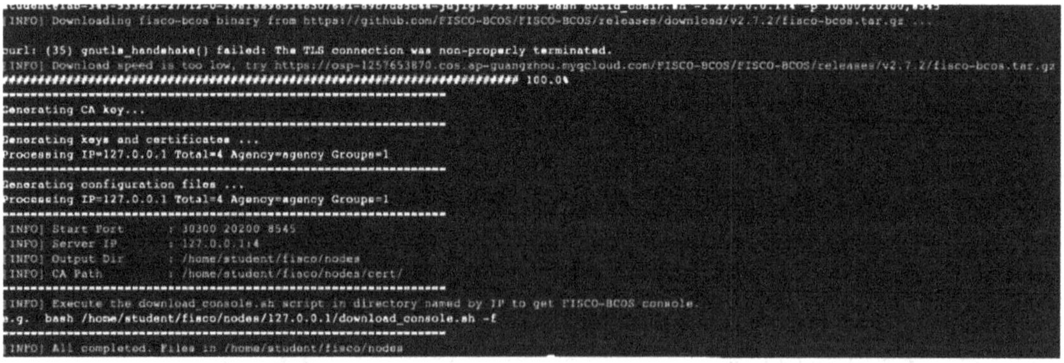

图 4-18 成功创建区块链输出信息

3）启动 FISCO BCOS 链

启动所有节点，命令如下：

```
bash nodes/127.0.0.1/start_all.sh
```

启动成功会输出类似下面内容的响应，如图 4-19 所示。否则请使用"netstat -an | grep tcp"命令检查机器的 30300~30303、20200~20203、8545~8548 端口是否被占用。

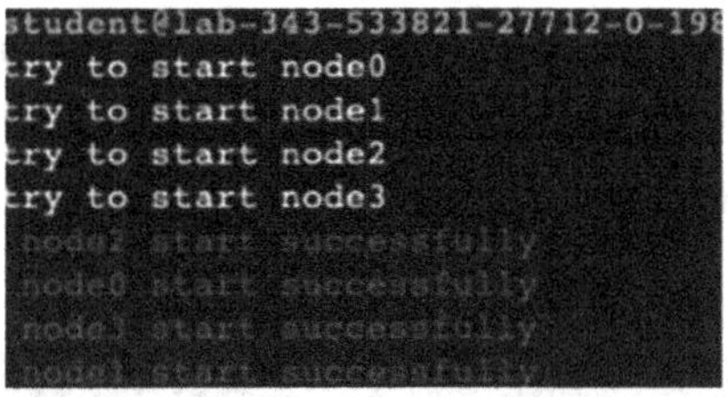

图 4-19　启动所有节点成功输出的响应

4）检查进程

检查进程是否启动，命令如下：

```
ps -ef | grep -v grep | grep fisco-bcos
```

正常情况下会有类似如图 4-20 所示的输出。如果进程数不为 4，则进程没有启动，一般是由于端口被占用导致的。

图 4-20　检查进程是否启动的输出

检查日志输出，并查看节点 node0 链接的节点数，命令如下：

```
tail -f nodes/127.0.0.1/node0/log/log* | grep connected
```

正常情况下会不停地输出连接信息，从输出可以看出 node0 与另外 3 个节点有连接，显示如图 4-21 所示。

图 4-21　node 与另外 3 个节点有连接

按"Ctrl+C"组合键，可结束当前命令的执行。

执行下面命令，检查是否共识正常：

```
tail -f nodes/127.0.0.1/node0/log/log* | grep +++
```

正常情况下会不停输出"++++Generating seal"，表示共识正常，正常情况的输出如图 4-22 所示。

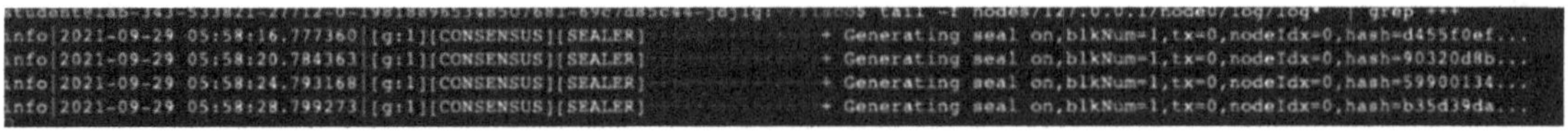

图 4-22　共识正常情况的输出

按"Ctrl+C"组合键，可结束当前命令的执行。

5）无外网条件下搭建单群组区块链网络

上面的操作是通过 build_chain.sh 脚本一键从网络上下载来搭建联盟链。在实际情况中，很可能会遇到没有外网的情况，那么这时该如何搭建单群组区块链网络呢？

（1）针对某些场景下无外网条件下搭链，请提前从 gitee 镜像发布页面下载 v2.8.0 版本目标操作系统的二进制文件和 build_chain.sh 脚本文件。

打开浏览器，如图 4-23 所示。

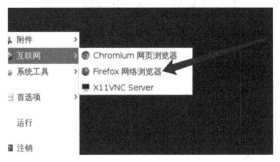

图 4-23　打开浏览器

输入网址"https://gitee.com/FISCO-BCOS/FISCO-BCOS/releases/v2.8.0"，如图 4-24 所示。

图 4-24　输入网址

拉到网页最底部，单击下载"fisco-bcos.tar.gz"和"build_chain.sh"文件，如图 4-25 所示。

图 4-25 下载文件

选择"Save File"单选按钮,如图 4-26 所示。

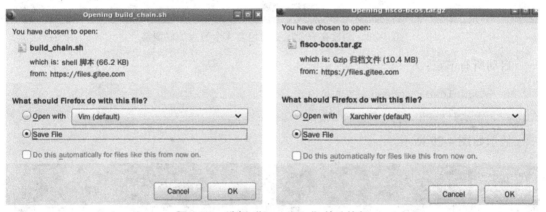

图 4-26 选择"Save File"单选按钮

(2)上传 fisco-bcos.tar.gz 和 build_chain.sh 文件到目标服务器,需要注意,目标服务器要求 64 位,要求安装 openssl 1.0.2 以上版本。这里我们假设当前机器即目标服务器。在现实作业中,若无网络,一般可以用 U 盘将文件拷贝至目标服务器中。

(3)解压 fisco-bcos.tar.gz 得到 fisco-bcos 可执行文件,作为-e 选项的参数。

回到终端,进入 Downloads 文件夹:

```
cd Downloads
```

解压刚刚下载的 fisco-bcos.tar.gz 文件:

```
tar xvf fisco-bcos.tar.gz
```

显示如图4-27所示。

图4-27 解压文件

(4) 构建本机内4个节点的FISCO BCOS联盟链,使用默认起始端口30300、20200、8545(4个节点会占用30300-30303、20200-20203、8545-8548端口)。

```
bash build_chain.sh -l 127.0.0.1:4 -p 30300,20200,8545 -e ./fisco-bcos -v 2.8.0
```

显示如图4-28所示。

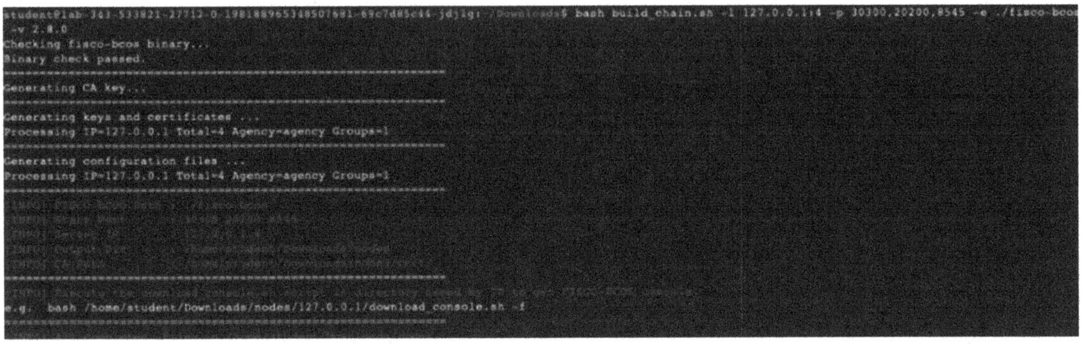

图4-28 创建在一个主机内包含4个节点的联盟链

启动所有节点:

```
cd ~/Downloads/nodes/127.0.0.1/
./start_all.sh
```

显示如图4-29所示。

图4-29 启动所有节点

显示启动失败,这是因为我们在上一个搭链练习中已经占用了30300、20200、8545这

3 个端口。

我们先进入一键搭链的 fisco 目录：

cd ~/fisco

接着停止所有节点：

./nodes/127.0.0.1/stop_all.sh

显示如图 4-30 所示。

图 4-30 停止所有节点

然后再次回到手动搭建链的目录中。

cd ~/Downloads

再次启动：

./nodes/127.0.0.1/start_all.sh

可以看到启动成功，如图 4-31 所示。

图 4-31 启动成功

检查进程：

ps -ef | grep -v grep | grep fisco-bcos

显示如图 4-32 所示。可以看到进程正常，手动搭建成功。

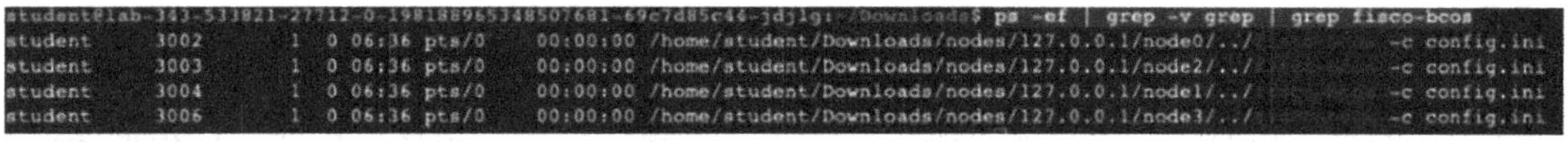

图 4-32 检查进程

任务评价

填写任务评价表，如表 4-2 所示。

表 4-2 任务评价表

工作任务清单	完成情况
学习 FISCO BCOS 部署工具	
学习 FISCO BCOS 网络搭建	

任务拓展

【拓展训练 4-2】根据学习到的多群组 FISCO BCOS 联盟链的知识搭建多群组联盟链。

任务 4.3　FISCO BCOS 网络管理

任务情景

【任务场景】

FISCO BCOS 联盟链搭建成功之后，需要对链进行管理，包括证书管理和账号管理等。

【任务布置】

（1）掌握 FISCO BCOS 证书的生成方法。
（2）掌握 FISCO BCOS 账号的创建方法。

知识准备

4.3.1　FISCO BCOS 证书机制

证书机制是联盟链网络安全的基石，链上的多方参与是一种协作关系，联盟链向授权的组织或机构开放，采用准入机制。在准入机制中，证书是各参与方互相认证身份的重要凭证。

FISCO BCOS 网络采用面向 CA（Certificate Authority，证书授权）的准入机制，使用 x509 协议的证书格式，支持任意多级的证书结构，保障信息保密性、认证性、完整性、不可抵赖性。

FISCO BCOS 默认采用三级的证书结构，自上而下分别为链证书、机构证书、节点证书。证书内容包括了证书版本、序列号、签名算法、消息摘要算法等生成信息，同时包括了证书的颁发者、有效期、使用者、公钥信息、SSL 通信需要用到的密码套件等信息，如图 4-33 所示。节点通过加载证书，在接收数据包时，根据证书规定的密码套件和其消息字段，对数据包中携带的证书进行验证。

图 4-33 x509 协议的证书格式

FISCO BCOS 的证书结构中，共有四种角色，分别是联盟链委员会管理员、机构管理员、节点和 SDK。联盟链委员会管理员管理链的私钥，并根据机构的证书请求文件 agency.csr 为机构颁发机构证书。FISCO BCOS 进行 SSL 加密通信时，拥有相同链证书 ca.crt 的节点才可建立连接。机构管理员管理机构私钥，可以对机构下属颁发节点证书和 SDK 证书。

FISCO BCOS 节点包括节点证书和私钥，用于建立节点间 SSL 加密连接。SDK 包括 SDK 证书和私钥，用于与区块链节点建立 SSL 加密连接。节点证书 node.crt 包括节点证书和机构证书信息，节点与其他节点/SDK 通信验证时会用自己的私钥 node.key 对消息进行签名，并发送自己的 node.crt 至对方进行验证。

任务实施

4.3.2 FISCO BCOS 证书管理

首先进入实验环境，连接进入 Linux Shell 界面。

1. 证书接入

FISCO BCOS 节点证书是节点身份的凭证，用于与其他持有合法证书的节点间建立 SSL 连接，并进行加密通信。SDK 证书是 SDK 与节点通信的凭证，由机构生成 SDK 证书，允许 SDK 与节点进行通信。

FISCO BCOS 节点运行时的文件后缀说明如表 4-3 所示。

表 4-3　FISCO BCOS 节点运行时的文件后缀

后　　缀	说　　明
.key	私钥文件
.crt	证书文件
.csr	证书请求文件

2．获取证书

1）下载和安装 FISCO BCOS 运维部署工具

更新源：

apt-get update

安装前置工具 git：

apt install git-all

过程中输入"y"，需等待较长时间后安装完成。显示如图 4-34 所示。

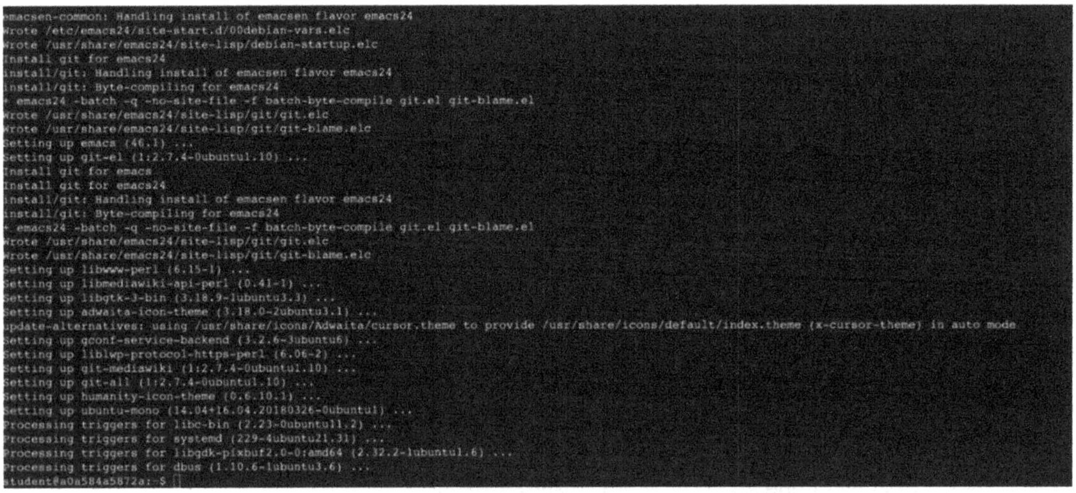

图 4-34　安装前置工具 git

下载 FISCO BCOS 运维部署工具 generator：

git clone https://gitee.com/FISCO-BCOS/generator.git

显示如图 4-35 所示。

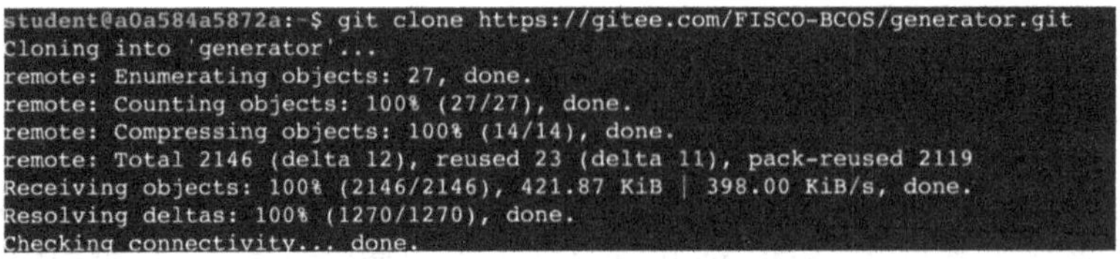

图 4-35　下载 FISCO BCOS 运维部署工具 generator

安装运维工具 generator：

```
cd ~/generator && bash ./scripts/install.sh
```

等待一段时间后，显示如图 4-36 所示。

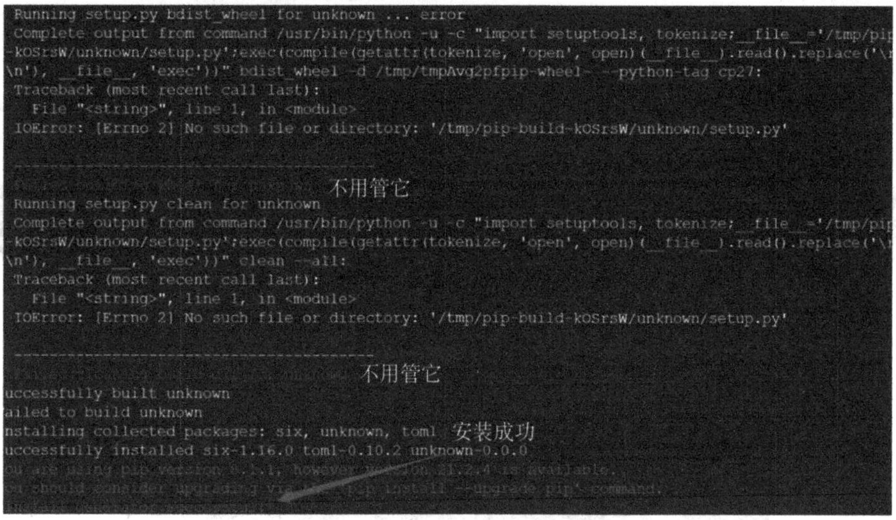

图 4-36 安装运维工具 generator

运行以下命令，检查是否安装成功，若获得输出"usage: generator xxx"，则表示成功，如图 4-37 所示。

```
./generator -h
```

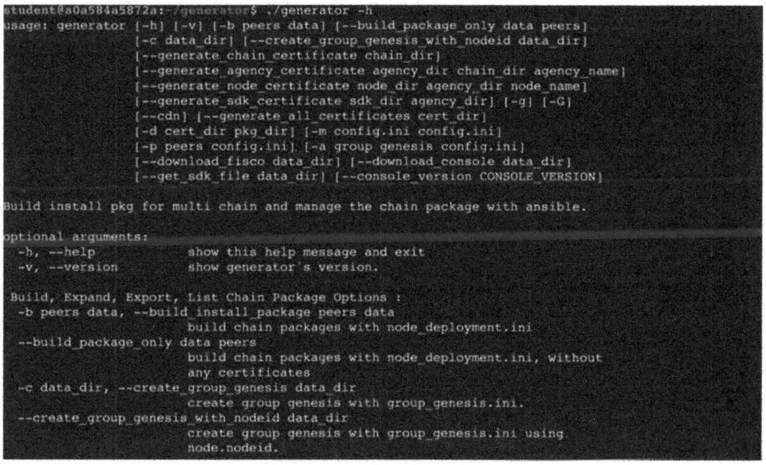

图 4-37 检查是否安装成功

2）生成链证书

通过以下 generator 命令生成链证书：

```
./generator --generate_chain_certificate ./chain_dir
```

generate_chain_certificate 命令解释如表 4-4 所示。

表 4-4 generate_chain_certificate 命令解释

命令解释	生成链证书
使用前提	无
参数设置	指定链证书存放文件夹
实现功能	在指定目录生成链证书和私钥
适用场景	用户需要生成自签相关链证书

生成链证书如图 4-38 所示。

图 4-38 通过 generator 命令生成链证书

执行完成后用户可以通过以下命令在 chain_dir 文件夹下看到链证书 ca.crt 和私钥 ca.key，如图 4-39 所示。

```
ls chain_dir
```

图 4-39 链证书 ca.crt 和私钥 ca.key

3）生成机构证书

机构可以生成机构私钥 agency.key，机构使用机构私钥 agency.key 得到机构证书请求文件 agency.csr，发送 agency.csr 给联盟链委员会。

联盟链委员会使用链私钥 ca.key，根据得到的机构证书请求文件 agency.csr 生成机构证书 agency.crt，并将机构证书 agency.crt 发送给对应机构。机构可以通过以下 generator 命令生成机构证书。

```
./generator --generate_agency_certificate ./agency_dir ./chain_dir AgencyA
```

generate_agency_certificate 命令解释如表 4-5 所示。

表 4-5 generate_agency_certificate 命令解释

命令解释	生成机构证书
使用前提	存在链证书和私钥
参数设置	指定机构证书目录、链证书及私钥存放目录和机构名称
实现功能	在指定目录生成机构证书和私钥
适用场景	用户需要生成自签相关机构证书

显示如图 4-40 所示。

图 4-40 通过 generator 命令生成机构证书

执行完成后可以在 agency_dir 路径下生成名为 AgencyA 的文件夹，其中包含相应的机构证书 agency.crt 和私钥 agency.key，可以通过以下命令查看：

```
ls agency_dir/
ls agency_dir/AgencyA/
```

显示如图 4-41 所示。

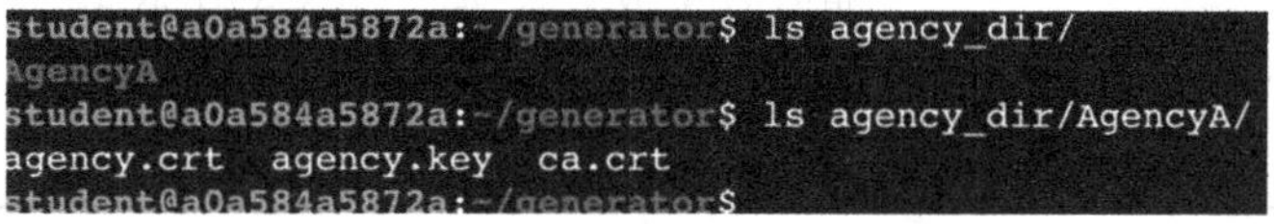

图 4-41　名为 AgencyA 的文件夹和机构证书及私钥

4）生成节点证书/SDK 证书

节点生成私钥 node.key 和证书请求文件 node.csr，机构管理员使用私钥 agency.key 和证书请求文件 node.csr 为节点颁发证书。

机构也可以通过以下 generator 命令生成节点证书，如图 4-42 所示。

```
./generator --generate_node_certificate node_dir agency_dir/AgencyA node0
```

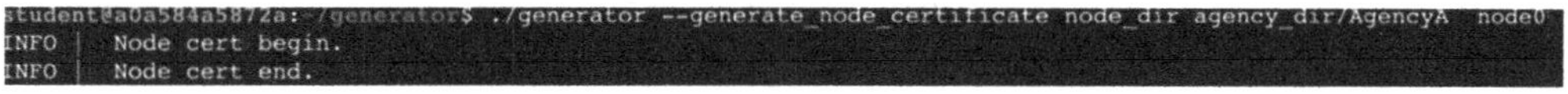

图 4-42　通过 generator 命令生成节点证书

generate_node_certificate 命令解释如表 4-6 所示。

表 4-6　generate_node_certificate 命令解释

命令解释	生成节点证书
使用前提	存在机构证书和私钥
参数设置	指定节点证书目录、机构证书及私钥存放目录和节点名称
实现功能	在指定目录生成节点证书和私钥
适用场景	用户需要生成自签相关机构证书

执行完成后可以在 node_dir/node0 路径下生成节点证书 node.crt 和私钥 node.key，可以通过以下命令查看：

```
ls node_dir/node0/
```

显示如图 4-43 所示。

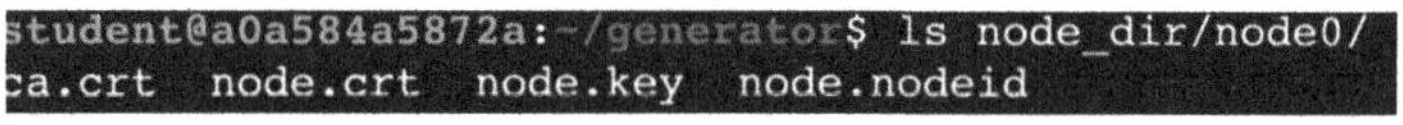

图 4-43　节点证书 node.crt 和私钥 node.key

通过以下 generator 命令生成 SDK 证书，如图 4-44 所示。

```
./generator --generate_sdk_certificate ./sdk_dir ./agency_dir/AgencyA
```

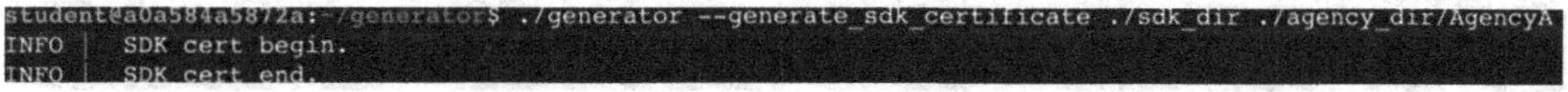

图 4-44　通过 generator 命令生成 SDK 证书

generate_sdk_certificate 命令解释如表 4-7 所示。

表 4-7 generate_sdk_certificate 命令解释

命令解释	生成 SDK 证书
使用前提	存在机构证书和私钥
参数设置	指定节点证书目录、机构证书及私钥存放目录和节点名称
实现功能	在指定目录生成 SDK 证书和私钥
适用场景	用户需要生成自签相关 SDK 证书

执行完成后可以在 sdk_dir 路径下生成名为 sdk 的文件夹，包含相应的 SDK 证书 sdk.crt 和私钥 sdk.key，可以通过以下命令查看：

```
ls sdk_dir/sdk/
```

显示如图 4-45 所示。

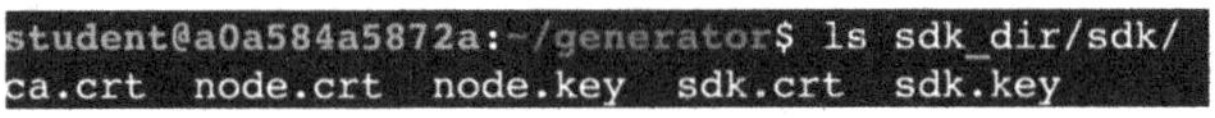

图 4-45 SDK 证书 sdk.crt 和私钥 sdk.key

4.3.3 FISCO BCOS 账号管理

1. 账号创建

FISCO BCOS 使用账号来标识和区分每一个独立的用户。

在采用公私钥体系的区块链系统里，每一个账号对应着一对公钥和私钥。其中，由公钥经哈希等安全的单向性算法计算后得到的地址字符串被用作该账号的账号名，即账号地址。为了与智能合约的地址相区别和一些其他的历史原因，账号地址也常被称为外部账号地址。

而仅有用户知晓的私钥则对应着传统认证模型中的密码，用户需要通过安全的密码学协议证明其知道对应账号的私钥，来声明其对该账号的所有权，以及进行敏感的账号操作。

1）获取脚本

```
cd ~
curl -#LO https://osp-1257653870.cos.ap-guangzhou.myqcloud.com/FISCO-BCOS/FISCO-BCOS/tools/get_account.sh && chmod u+x get_account.sh && bash get_account.sh -h
```

执行上面的命令，看到如图 4-46 所示的输出，则表示下载到了正确的脚本，否则请重试。

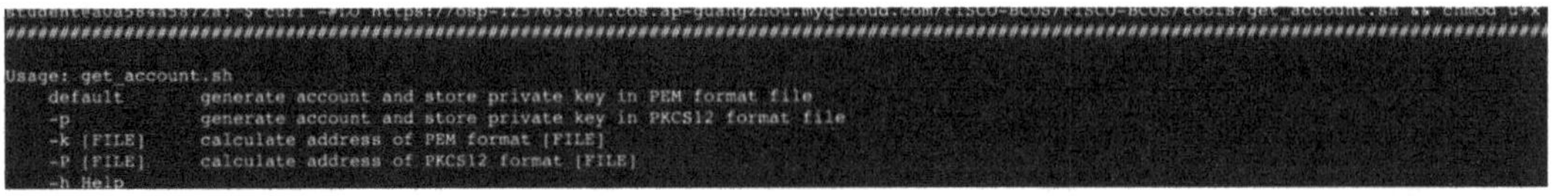

图 4-46 获取账号脚本

2）使用脚本生成 PEM 格式私钥和账号地址

（1）生成私钥与地址。

```
bash get_account.sh
```

执行上面的命令，可以得到类似如图 4-47 所示的输出，包括账号地址和以账号地址为文件名的 PEM 格式私钥。

图 4-47　生成账号地址和 PEM 格式私钥

（2）指定 PEM 私钥文件计算账号地址。注意：这里后面跟的文件名为系统自己生成的文件名，每个账号的不一样。

```
bash get_account.sh -k accounts/0x7eca800ae5ed115d3e3105d12c923ef1aa26e7f9.pem
```

执行上面的命令，利用 PEM 私钥加密生成账号地址，结果如图 4-48 所示。

图 4-48　利用 PEM 私钥加密生成账号地址

3）使用脚本生成 PKCS12 格式私钥

（1）生成私钥与地址。

```
bash get_account.sh -p
```

执行上面的命令，可以得到类似如图 4-49 所示的输出，按照提示输入密码，生成对应的 PKCS12 格式私钥。

图 4-49　生成账号地址和 PKCS12 格式私钥

（2）指定 PKCS12 私钥文件计算账号地址。按提示输入 PKCS12 私钥文件密码，注意这里后面跟的文件名为系统自己生成的 PKCS12 文件名，每个账号的不一样。

```
bash get_account.sh -P accounts/0xc3368aab2f3ae230197364c7d2b9180c3402c6c8.p12
```

执行上面的命令，得到利用 PKCS12 私钥加密生成的账号地址，结果如图 4-50 所示，完成了账号的创建。

图 4-50　利用 PKCS12 私钥加密生成账号地址

2. 通过 ECDSA 生成账号

1）生成 ECDSA 私钥

首先，使用 openssl 生成椭圆曲线私钥，椭圆曲线的参数使用 secp256k1。执行下面的命令，生成 PEM 格式的私钥并保存在 ecprivkey.pem 文件中。

```
cd ~
openssl ecparam -name secp256k1 -genkey -noout -out ecprivkey.pem
```

执行下面的命令，查看文件内容，如图 4-51 所示。

```
cat ecprivkey.pem
```

```
student@a0a584a5872a:~$ cat ecprivkey.pem
-----BEGIN EC PRIVATE KEY-----
MHQCAQEEIGhhHL6u/SXIQogIdvEPDE8/5bOnZMy5ezMDv6NuXZU7oAcGBSuBBAAK
oUQDQgAEKUxX2C0JuDYcjwws3GcTPnwDAb5fQUeTtL3kUq+hU31YXFoMGzlYH6TZ
Wrt5yNIv2Y/HQJURAHBVoiKZXmcKOQ==
-----END EC PRIVATE KEY-----
```

图 4-51　查看 ECDSA 私钥

2）生成 ECDSA 公钥

接下来根据私钥计算公钥，执行下面的命令：

```
openssl ec -in ecprivkey.pem -text -noout 2>/dev/null| sed -n '7,11p' | tr
-d ": \n" | awk '{print substr($0,3);}'
```

可以得到类似如图 4-52 所示的输出，即 ECDSA 公钥。

```
student@a0a584a5872a:~$ openssl ec -in ecprivkey.pem -text -noout 2>/dev/null| sed -n '7,11p' | tr -d ": \n" | awk '{print substr($0,3);}'
294c57d82d09b8361c8f0c2cdc67133e7c0301be5f414793b4bde452afa1537d585c5a0c1b39581fa4d95abb79c8d22fd98fc7409511007055a222995e670a39
```

图 4-52　利用 ecprivkey 生成 ECDSA 公钥

任务评价

填写任务评价表，如表 4-8 所示。

表 4-8　任务评价表

工作任务清单	完成情况
掌握 FISCO BCOS 证书的生成方法	
掌握 FISCO BCOS 账号的创建方法	

任务拓展

请根据上述账号创建方法新建两个账号。

归纳总结

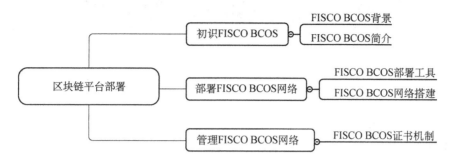

测试习题

一、填空题

1. 以 FISCO BCOS 联盟链底层平台为基础，FISCO 还提供了_____、_____、_____等组件。
2. FISCO BCOS 的逻辑架构分为：_____、_____、_____、_____。
3. 控制台是对 FISCO 链进行维护的工具，可以对 FISCO 链进行_____、_____、_____等操作。

二、单项选择题

1. 下列不属于 FISCO BCOS 逻辑架构基础层的有（   ）。
A. 密码学算法　　　　　　　　B. 隐私算法
C. 磁盘 IO　　　　　　　　　　D. Orecle 驱动
2. 下列证书属于 FISCO BCOS 默认的三级证书结构的有（   ）。
A. 链证书　　　　　　　　　　B. 机构证书
C. 节点证书　　　　　　　　　D. 安全证书

技能训练

请根据本单元介绍的 FISCO BCOS 部署方法搭建一个 3 群组 6 节点的 FISCO BCOS 联盟链，并创建证书，生成账号。

单元 5　智能合约应用

学习目标

通过本单元的学习，使学生能够掌握智能合约的基本概念，掌握 Solidity 编程的基本数据类型，掌握智能合约的程序结构，掌握智能合约测试的基础知识，具备部署智能合约的能力，具备调用智能合约的能力，具备测试智能合约的能力。

任务 5.1　部署智能合约

任务情景

【任务场景】

智能合约定义了多方共同约定的规则，通过部署在区块链网络上，是可以被多方调用自动执行的程序，以实现多方事先约定的规则。在实际应用中，如何在区块链网络上部署一个智能合约呢？

【任务布置】

（1）学习智能合约基本概念。
（2）学习 Solidity 基本数据类型。
（3）认识 Solidity 程序。
（4）部署一个智能合约。

知识准备

5.1.1　智能合约基本概念

计算机科学家、法学学者及密码学者尼克·萨博（Nick Szabo）最早于 1994 年提出了"智能合约"（Smart Contract）的概念，他的定义是："智能合约是一个计算机化的交易协议，它执行一个合约的条款。"其中，交易协议中的"协议"二字指的是计算机协议（Protocol）。

按《应用密码学》的定义，协议是一系列步骤，其中包括两方或多方，设计它的目的是要完成一项任务。尼克·萨博说："智能合约的实际目标是执行一般的合同条件，最大限度地减少恶意和意外的情况，最大限度地减少使用信任中介。"

但在很大一部分的时间里，由代码组成的智能合约缺少可以执行的环境，主要原因是在常规的计算环境中，代码无法强制执行要求一方履行其责任。例如，你我双方达成一个协议，在满足某个条件时，我应当付 100 美元给你，由于常规计算环境中没有资产的概念，因此智能合约无法在计算环境中独立执行，它需要用其他方式对外部资金与资产进行控制。为了解决这个问题，尼克·萨博在 1998 年提出"比特黄金"（Bit Gold），以形成智能合约可以运转的执行环境。2008 年，中本聪提出"比特币：一种点对点电子现金"，2019 年 1 月 3 日比特币系统上线，之后，智能合约就有了一个可以执行的环境。比特币网络有智能合约所需要的几个主要基础条件：由公钥、私钥形成的所有权机制；在计算环境中，有可用于履行合同条款的原生资产；提供了编程方式，即比特币脚本。比特币系统为智能合约做好了准备，但并未能真正推动智能合约的诞生，这一时刻还要等到几年后。

2014 年，在比特币系统的基础上，维塔利克·布特林（Vitalik Buterin）撰写了以太坊白皮书——《以太坊：智能合约与中心化应用平台》，随后正式启动了以太坊区块链网络。此后，智能合约从概念变成现实。

按以太坊联合创始人加文·伍德（Gavin Wood）的说法，以太坊是一台永不停歇的"世界计算机"。以太坊提供了执行图灵完备代码的环境——以太坊虚拟机（Ethereum Virutal Macchine，EVM）。以太坊在系统设计层面提供了智能合约所需的多种机制，如仅包括智能合约的特定账号——合约账号（Contract Accounts），与之对应的是外部账号（Externally Owned Accounts）；又如它设计了执行智能合约计算支付燃料费（Gas）的经济机制。

随着以太坊从 1.0 向 2.0 升级，其中关于以太坊虚拟机有两个变化，它们都将进一步推动智能合约的技术进展：一是改用 eWASM 虚拟机方案，这是基于 WASM（WebAssembly）命令集的虚拟机设计方案；二是智能合约由以太坊 1.0 的只有一个执行环境变成 2.0 的有多个执行环境。当然，这是技术层面的优化与改进，智能合约的原理与编程并没有多大的变化。

现在，以太坊上的智能合约最重要的应用是创建 ERC20、ERC721 标准的通证（Token），并用智能合约对这些代表数字资产的通证进行操作。这些数字资产可以对应经济中的货币、股票、票据、仓单、房屋、知识产权、投票权、毕业证书等各种广义的资产。

以太坊虚拟机执行的是 EVM 字节码，程序员可以用高级语言编写智能合约，然后将其编译为字节码部署在以太坊区块链中进行执行。在发展的过程中出现了多种智能合约高级语言，其中被广泛接受的是加文·伍德开发的 Solidity 语言，它的语法类似于 JavaScript 语言，并且公有链、联盟链、BaaS 云服务算也开始支持 Solidity 语言。

尼克·萨博在 1997 年的文章中说，智能合约的原始祖先是不起眼的自动售货机。
（1）我们向可乐售卖机投入硬币，按一下出可乐的按钮。
（2）售卖机将一听可乐从出货口放出来。
（3）售货机恢复到最初的状态。

智能合约处理的是"价值"，或更严格地说是链上的"价值的表示物"。一般来说，区块链上的智能合约的执行包括四步，分别是制定合约、事件触发、价值转移、清算结算，如图 5-1 所示。

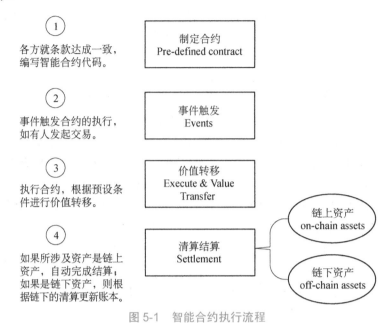

图 5-1　智能合约执行流程

【课堂训练 5-1】请简述你对智能合约概念的理解。
【课堂训练 5-2】智能合约的执行流程是什么？

5.1.2　Solidity 基本数据类型

Solidity 是一门面向合约的、为实现智能合约而创建的高级编程语言。Solidity 是静态类型语言，支持继承、库和复杂的用户定义类型等特性，每个变量（状态变量和局部变量）都需要在编译时指定变量的类型。Solidity 提供了几种基本类型，通过几种基本类型的组合，可以组合成复杂类型。

（1）布尔类型：bool 可能的取值为字面常量值 true 和 false。

（2）布尔类型运算符：!（逻辑非，"not"）、&&（逻辑与，"and"）、||（逻辑或，"or"）、==（等于）、!=（不等于）。运算符 || 和 && 遵循同样的短路规则，即在表达式 "f(x) || g(y)" 中，如果 f(x) 的值为 true，那么 g(y) 就不会被执行。

（3）整型：int / uint 分别表示有符号和无符号的不同位数的整型变量。支持关键字 uint8 到 uint256（无符号，从 8 位到 256 位），以及 int8 到 int256，以 8 位为步长递增。uint 和 int 分别是 uint256 和 int256 的别名。对于整型 X，可以使用 type(X).min 和 type(X).max 去获取这个类型的最小值与最大值。

（4）比较运算符：<=、<、==、!=、>=、>（返回布尔值）。

（5）位运算符：&、|、^（异或）、~（位取反）。

（6）移位运算符：<<（左移位）、>>（右移位）。

（7）算术运算符：+、-、-（一元运算符，仅针对有符号整型）、*、/、%（取余或叫模运算）、**（幂）。

（8）字符串字面常数：字符串字面常数是指由双引号或单引号引起来的字符串，例如 "foo"或'bar'，不像在 C 语言中那样带有结束符"；"，"foo"相当于 3 字节而不是 4 字节。和整数字面常数一样，字符串字面常数的类型也可以发生改变，但它们可以隐式地转换成 bytes1，…，bytes32，如果合适的话，还可以转换成 bytes 及 string。字符串字面常数支持转义字符，例如"\n""\xNN""\uNNNN"，"\xNN"表示一个十六进制数值，最终转换成合适的字节，而"\uNNNN"表示 Unicode 编码值，最终会转换成 UTF-8 的序列。

【课堂训练 5-3】短路规则有什么缺点？

【课堂训练 5-4】整型的取值范围是什么？

5.1.3 认识 Solidity 程序

下面代码给出的是一个名为"HelloWorld"的智能合约：

```
pragma solidity ^0.8.3;
contract HelloWorld {
    string name;
    function HelloWorld() {
        name = "Hello, World!";
    }
    function get() constant returns(string) {
        return name;
    }
    function set(string n) {
        name = n;
    }
}
```

（1）"pragma"是定义代码使用的 Solidity 编译器版本的声明。

（2）"contract"用来定义智能合约。

（3）"HelloWorld()"是构造函数，用来初始化变量 name 的值。

（4）"get()"是成员函数，用来返回变量 name 的值，constant 表示不可以修改 name 的值。

（5）"set()"是成员函数，用来改变变量 name 的值，将其赋值为变量 n 的值。

【课堂训练 5-5】必须用 pragma 定义的编译器版本进行编译吗？

【课堂训练 5-6】constant 能限制返回变量 name 的值不被修改吗？

任务实施

5.1.4 部署智能合约

1. 启动 Console 控制台

```
#cd ~/fisco/console && bash start.sh
```

当输出如图 5-2 所示内容时，表示操作正确。

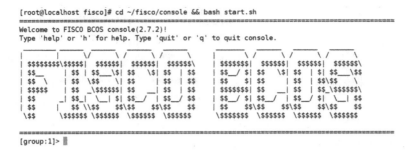

图 5-2 成功启动控制台

2. 在 Console 控制台中部署 HelloWorld 智能合约

第 1 步，创建智能合约。在指定目录下创建名为"HelloWorld"的智能合约。

```
#cd ~ /fisco/console/contracts/solidity
#vim HelloWorld.sol
```

在 HelloWorld.sol 文件中编写如下内容：

```solidity
pragma solidity ^0.8.3;
contract HelloWorld {
    string name;
    function HelloWorld() {
        name = "Hello, World!";
    }
    function get() constant returns(string) {
        return name;
    }
    function set(string n) {
        name = n;
    }
}
```

在合约中定义了成员函数 get() 和 set()，分别对变量 name 提供获取和设置的功能。其中，构造函数 HelloWorld() 在合约启动时对变量 name 进行了初始化设置。

第 2 步，部署智能合约。在 FISCO BCOS 的 Console 命令行下，输入"deploy HelloWorld"命令进行部署。

```
#[group:1]> deploy HelloWorld
transaction hash:
0xaf98c969eef9d1146a6056f6657e72586ba60285b97531f4624d706d9267bf6
contract address: 0xbed5229a08300c80190c4446b8e2c43cc3b96496
currentAccount: 0xd9e7ad8e88a9e9b00aa52b60c8a6b47c299bbed9
```

接下来，使用 Console 命令行执行命令，获取链中区块的高度。

```
#[group:1]> getBlockNumber
1
```

此时可以发现，在部署智能合约后，区块的高度发生了变化。

任务评价

填写任务评价表，如表 5-1 所示。

表 5-1　任务评价表

工作任务清单	完成情况
学习智能合约基本概念	
学习 Solidity 基本数据类型	
认识 Solidity 程序	
部署一个智能合约	

任务拓展

【拓展训练 5-1】除了使用控制台 Console，还能用哪些工具部署智能合约？请简述如何使用 Remix 部署智能合约。

任务 5.2　调用智能合约

任务情景

【任务场景】

在区块链应用中，部署智能合约是第一步任务，接下来必须调用智能合约才能执行约定的规则，那么如何调用智能合约呢？

【任务布置】

（1）学习 import 语法。
（2）导入智能合约。
（3）调用智能合约。

知识准备

5.2.1　import 语法

在 Java 编程中，可以使用 import 语法将其他包中的类导入当前文件中，并且可以直接使用导入的类创建对象，通过对象调用属性和方法。在 Solidity 编程中，同样可以使用 import 语法导入其他智能合约。

在全局层面上，可使用如下格式的导入语句：

import "filename";

此语句将从 filename 中导入所有的全局符号到当前全局作用域中。

import * as symbolName from "filename";等同于import "filename" as symbolName;

此语句创建一个新的全局符号 symbolName，其成员均来自 filename 中的全局符号。

上面的 filename 总是会按路径来处理，以"/"作为目录分割符，以"."表示当前目录，以".."表示父目录。当"."或".."后面跟随的字符是"/"时，它们才能被当作当前目录或父目录。只有路径以当前目录"."或父目录".."开头时，才能被视为相对路径。"import "./x" as x;"语句用于导入当前源文件同目录下的文件 x。如果用"import "x" as x;"语句代替，可能会导入不同的文件。通常，目录层次不必严格映射到本地文件系统，它也可以映射到能通过诸如"ipfs""http"或者"git"发现的资源。

Remix 提供一个 GitHub 源代码平台的自动重映射，它将通过网络自动获取文件，如可以使用"import "github.com/ethereum/dapp-bin/library/iterable_mapping.sol" as it_mapping;"导入一个 map 迭代器。

5.2.2 导入智能合约

```
Foo.sol 代码：
pragma solidity ^0.8.3;

contract Foo {
    string public name = "Foo";
}
Import.sol 代码：
pragma solidity ^0.8.3;

import "./Foo.sol";

contract Import {

    Foo public foo = new Foo();

    function getFooName() public view returns (string memory) {
        return foo.name();
    }
}
```

"import "./Foo.sol";"语句把 Foo 合约导入当前的 Import 合约中，可以在成员函数 getFooName()中读取 Foo 合约中变量 name 的值。

【课堂训练 5-7】import 语句只能导入本地智能合约文件吗？如何导入在线的智能合约文件呢？

任务实施

5.2.3 调用智能合约

第 1 种，在 Console 控制台调用智能合约。从之前部署智能合约的命令中获取合约地址为：0xbed5229a08300c80190c4446b8e2c43cc3b96496。

在 Console 终端命令行中可以使用 call 方法调用函数，格式为：

call [合约名称] [合约地址] [合约中的方法]

使用命令执行合约中的 get() 函数，具体操作与返回内容如下：

```
#[group:1]> call HelloWorld 0xbed5229a08300c80190c4446b8e2c43cc3b96496 get
---------------------------------------------------------------------
Return code: 0
description: transaction executed successfully
Return message: Success
---------------------------------------------------------------------
Return value size:1
Return types: (STRING)
Return values:(Hello,World!)
---------------------------------------------------------------------
```

通过 get() 方法就获取了变量 name 的初始化内容。接下来，使用 set() 函数，对变量 name 进行设置，通过 getBlockNumber 观察区块的高度已经发生变化。

```
#[group:1]> call HelloWorld 0xbed5229a08300c80190c4446b8e2c43cc3b96496 set "This Contract Name is HelloWorld!"
transaction hash: 0x9f858b18eebb89854f3b480f9cede6b4906b0f6e31fd8d2a4baffe087ed8ab19
---------------------------------------------------------------------
transaction status: 0x0
description: transaction executed successfully
---------------------------------------------------------------------
Receipt message: Success
Return message: Success
Return values:[]
---------------------------------------------------------------------
Event logs
Event: {}
#[group:1]> call BaseContract 0xbed5229a08300c80190c4446b8e2c43cc3b96496 get
---------------------------------------------------------------------
Return code: 0
description: transaction executed successfully
```

```
Return message: Success
------------------------------------------------------------
Return value size:1
Return types: (STRING)
Return values:(This Contract Name is HelloWorld!)
#[group:1]> getBlockNumber
2
```

第 2 种，在 Remix 中调用智能合约。登录 Remix 在线平台，在 contracts 文件中创建并编写"5_Foo.sol"，如图 5-3 所示。

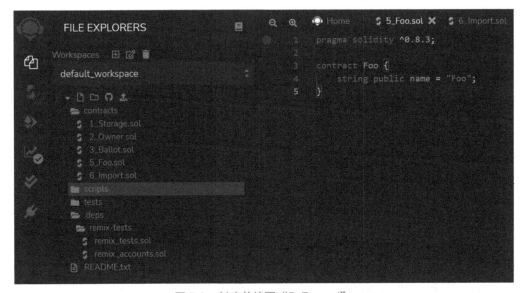

图 5-3　创建并编写"5_Foo.sol"

在 contracts 文件中创建并编写"6_Import.sol"，如图 5-4 所示。

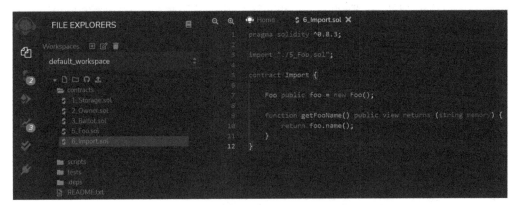

图 5-4　创建并编写"6_Import.sol"

编译"5_Foo.sol"，如图 5-5 所示。编译"6_Import.sol"，如图 5-6 所示。部署"6_Import.sol"，如图 5-7 所示。

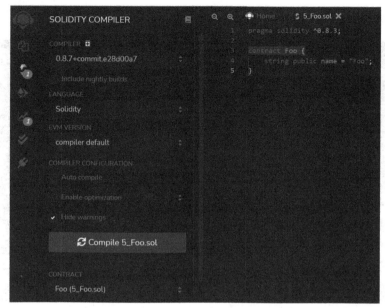

图 5-5　编译"5_Foo.sol"

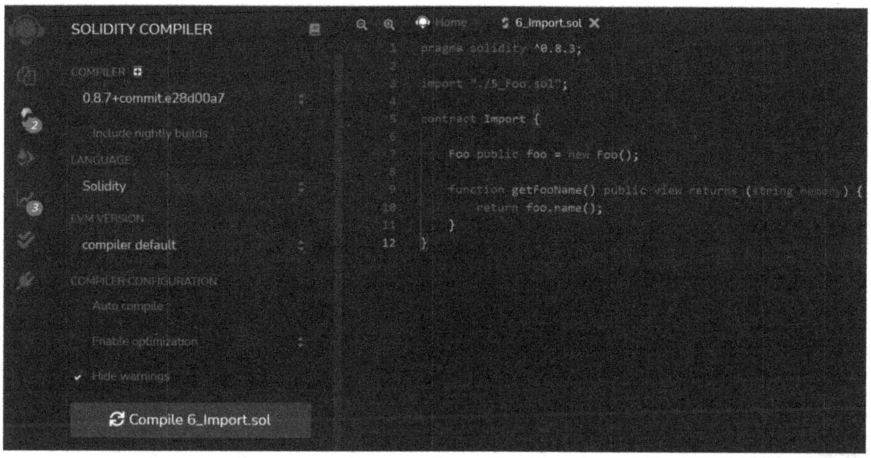

图 5-6　编译"6_Import.sol"

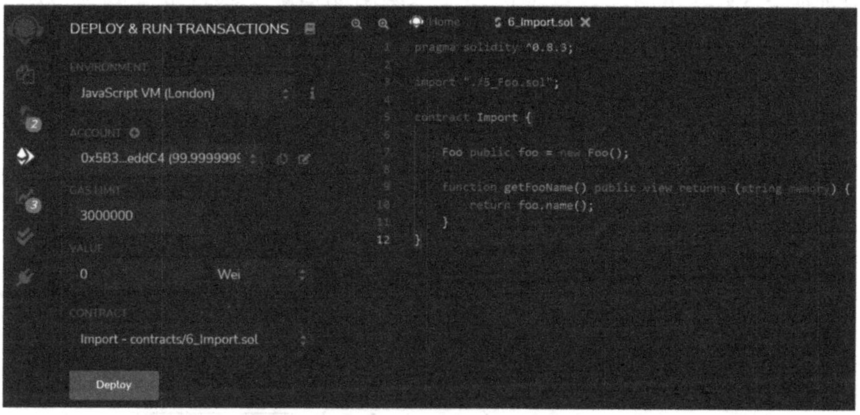

图 5-7　部署"6_Import.sol"

调用 6_Import.sol 中的 getFooName()方法，输出"Foo"，如图 5-8 所示。

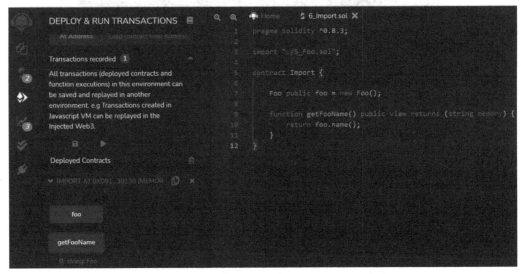

图 5-8　调用 6_Import.sol 中 getFooName()方法

任务评价

填写任务评价表，如表 5-3 所示。

表 5-3　任务评价表

工作任务清单	完成情况
学习 import 语法	
导入智能合约	
调用智能合约	

任务拓展

【拓展训练 5-2】简述如何直接调用智能合约中的属性。尝试部署智能合约 5_Fool.sol 并调用变量 name。

归纳总结

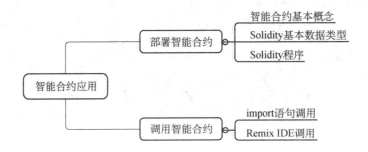

测试习题

一、填空题

1. 导入智能合约的关键字是_____，定义智能合约的关键字是_____。
2. 表示 Solidity 版本必须加符号_____。
3. 定义 256 位的无符号整型是_____，有符号整型是_____。
4. 比较运算符返回的值是_____值。

二、单项选择题

1. 以下不属于 Solidity 语言特点的是（　　）。
   A. 静态　　　　　　　　　　　B. 动态
   C. 继承　　　　　　　　　　　D. 用户自定义
2. Solidity 存放区块链地址的类型是（　　）。
   A. int　　　　　　　　　　　　B. mapping
   C. address　　　　　　　　　　D. string
3. 在 Console 控制台中部署智能合约的命令是（　　）。
   A. deploy　　　　　　　　　　B. call
   C. set　　　　　　　　　　　　D. contract

技能训练

1. 编写智能合约。
2. 调用智能合约。

单元 6　区块链网络通信

学习目标

通过本单元的学习，使学生能够掌握网络通信基本概念，掌握 RPC 协议和 FISCO BCOS 中的 RPC 模块基本功能，掌握 P2P 网络通信和 FISCO BCOS 网络传输协议的基本概念，具备使用虚拟机软件组建虚拟机局域网通信的能力，具备调用 FISCO BCOS 中的 RPC 模块的远程功能的能力，具备搭建 P2P 网络的能力。

任务 6.1　认识网络通信模型

任务情景

【任务场景】

在计算机网络中，我们通过协议来进行通信，那么区块链节点之间是如何进行通信的呢？

【任务布置】

（1）学习 OSI 参考模型的基本概念。（请参考计算机网络基础相关教材。）
（2）学习 TCP/IP 参考模型的基本概念。（请参考计算机网络基础相关教材。）
（3）使用虚拟机计算机软件（VMware Workstation），搭建虚拟局域网。

任务实施

（1）配置 VMware 虚拟机软件的虚拟网络设置（选择使用 VMnet8 网卡进行配置），如图 6-1 所示。
（2）类似于网卡配置，可以设置子网和子网掩码，在如图 6-2 所示的①中进行修改；在②中设置网关，配置如图 6-3 所示；在③中设置网段下的 IP 地址使用 DHCP 协议，获取 IP 地址范围，配置如图 6-4 所示。

图 6-1 虚拟网络编辑器

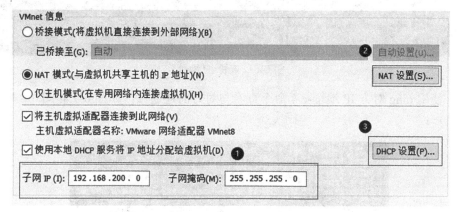

图 6-2 VMnet 信息

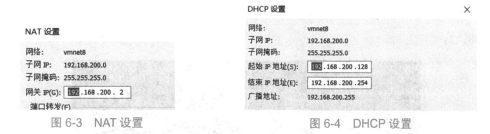

图 6-3 NAT 设置　　　　　图 6-4 DHCP 设置

（3）创建两台虚拟机，修改网卡配置文件内容，如图 6-5 所示。

`#vi /etc/sysconfig/network-scripts/ifcfg-eno16777736`

修改 ONBOOT=yes，保存并退出。

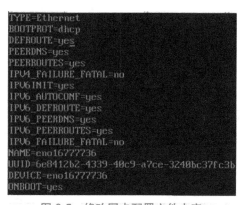

图 6-5 修改网卡配置文件内容

（4）重启网卡服务，并使用 ip a 命令查看 IP 地址，如图 6-6 所示。

```
#systemctl restart NetworkManager
```

```
1: lo: <LOOPBACK,UP,LOWER_UP> mtu 65536 qdisc noqueue state UNKNOWN
    link/loopback 00:00:00:00:00:00 brd 00:00:00:00:00:00
    inet 127.0.0.1/8 scope host lo
       valid_lft forever preferred_lft forever
    inet6 ::1/128 scope host
       valid_lft forever preferred_lft forever
2: eno16777736: <BROADCAST,MULTICAST,UP,LOWER_UP> mtu 1500 qdisc pfifo_fast state UP qlen 1000
    link/ether 00:0c:29:91:bd:be brd ff:ff:ff:ff:ff:ff
    inet 192.168.200.150/24 brd 192.168.200.255 scope global eno16777736
       valid_lft forever preferred_lft forever
    inet6 fe80::20c:29ff:fe91:bdbe/64 scope link
       valid_lft forever preferred_lft forever
```

图 6-6　查看 IP 地址

（5）使用 ping 对方 IP 地址-c 4 命令查看与对方的连通性，如图 6-7 和图 6-8 所示。

主机一：

```
PING 192.168.200.151 (192.168.200.151) 56(84) bytes of data.
64 bytes from 192.168.200.151: icmp_seq=1 ttl=64 time=0.387 ms
64 bytes from 192.168.200.151: icmp_seq=2 ttl=64 time=0.423 ms
64 bytes from 192.168.200.151: icmp_seq=3 ttl=64 time=0.399 ms
64 bytes from 192.168.200.151: icmp_seq=4 ttl=64 time=0.503 ms

--- 192.168.200.151 ping statistics ---
4 packets transmitted, 4 received, 0% packet loss, time 3007ms
rtt min/avg/max/mdev = 0.387/0.428/0.503/0.045 ms
```

图 6-7　查看与主机一的连通性

主机二：

```
PING 192.168.200.151 (192.168.200.151) 56(84) bytes of data.
64 bytes from 192.168.200.151: icmp_seq=1 ttl=64 time=0.011 ms
64 bytes from 192.168.200.151: icmp_seq=2 ttl=64 time=0.014 ms
64 bytes from 192.168.200.151: icmp_seq=3 ttl=64 time=0.020 ms
64 bytes from 192.168.200.151: icmp_seq=4 ttl=64 time=0.019 ms

--- 192.168.200.151 ping statistics ---
4 packets transmitted, 4 received, 0% packet loss, time 3001ms
rtt min/avg/max/mdev = 0.011/0.016/0.020/0.003 ms
```

图 6-8　查看与主机二的连通性

至此我们完成了虚拟机内部的局域网构建。

任务评价

填写任务评价表，如 6-1 所示。

表 6-1　任务评价表

工作任务清单	完成情况
学习 OSI 参考模型	
学习 TCP/IP 参考模型	
使用虚拟机计算机软件搭建虚拟局域网	

任务拓展

【拓展训练 6-1】可否使用 static 类型的 IP 地址？请将任务实施中的动态获取 IP 地址网卡配置，改为静态 IP 地址网卡配置。

任务 6.2　使用 RPC 协议

任务情景

【任务场景】

在区块链中，节点间可以通过 RPC 协议互相调用对方的服务来完成某些任务，或查询数据。

【任务布置】

（1）学习 RPC 协议的基本概念。
（2）学习 FISCO BCOS 的 RPC 模块。
（3）学习 FISCO BCOS 的 RPC 模块的简单命令。

知识准备

6.2.1　RPC 协议

RPC 协议全名为远程过程调用协议（Remote Procedure Call Protocol），允许运行于一台计算机上的程序调用另一台计算机的子程序，而程序员无须额外地为这个交互作用编程。目前 RPC 协议是 P2P 网络中运用较广泛的通信协议之一，是目前区块链节点通信的主流协议之一。

RPC 协议远程调用的目的是实现服务的远程调用，如有节点 A 和节点 B，现有调用业务部署于节点 A，需要调用节点 B 的函数或方法，此时可以借助 RPC 协议通过网络表达调用的语义和传达调用的数据。如图 6-9 所示为基于 RPC 协议节点 A 与节点 B 的通信流程。

在上述流程中，Stub 表示存根，节点 A Stub 的作用为保存节点 B 的地址信息，将节点 A 的请求参数数据信息打包，再向下传输通过网络发送。节点 B Stub 的作用为接收节点 A 的请求数据信息并解析，然后调用本地服务进行相应处理。

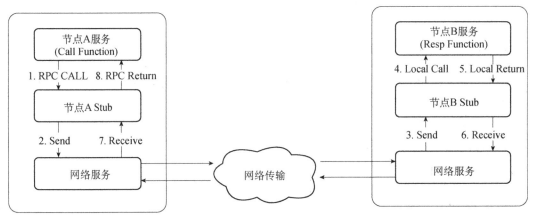

图 6-9　基于 RPC 协议节点 A 与节点 B 的通信流程

6.2.2　FISCO BCOS 的 RPC 模块

目前，包括 FISCO BCOS 等在内的经典区块链技术都具备 RPC 模块，可用于支持基于 RPC 协议的远程功能调用。RPC 模块负责提供 FISCO BCOS 的外部接口，客户端通过 RPC 发送请求，RPC 通过调用账本管理模块和 P2P 模块获取相关响应，并将响应返回给客户端。其中，账本管理模块通过多账本机制管理区块链底层的相关模块，具体包括共识模块、同步模块、区块管理模块、交易池模块及区块链验证器。如图 6-10 所示为 RPC 模块在 FISCO BCOS 中支持的功能。

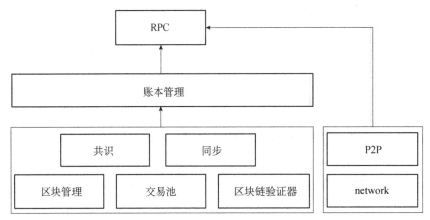

图 6-10　RPC 模块在 FISCO BCOS 中支持的功能

FISCO BCOS 基于 RPC 协议的通信方式分为客户端请求及服务端响应，具体内容如下。

1）客户端请求

客户端将调用区块链的请求以 RPC 协议的形式发送至区块链节点，请求内容如下。

（1）jsonrpc：指定 JSON-RPC 协议版本的字符串，必须准确地写为 "2.0"。

（2）method：调用方法的名称。

（3）params：调用方法所需要的参数，方法参数可选。由于 FISCO BCOS 2.0 启用了多账本机制，因此本规范要求传入的第一个参数必须为群组ID。

（4）id：已建立客户端的唯一标识ID，ID必须是一个字符串、数值或NULL空值。如果不包含该成员，则被认定为是一个通知。

RPC请求包的示例内容如下：

```
{"jsonrpc": "2.0", "method": "getBlockNumber", "params": [1], "id": 1}
```

2）服务端响应

当服务端接收到客户端的请求后必须做出响应，响应内容为JSON格式的数据，包含以下内容。

（1）jsonrpc：指定JSON-RPC协议版本的字符串，必须准确地写为"2.0"。

（2）result：正确结果字段。在响应处理成功时必须包含该成员，当调用方法引起错误时必须不包含该成员。

（3）error：错误结果字段。在失败时必须包含该成员，当没有引起错误时必须不包含该成员。

（4）id：响应id。该成员必须包含，该成员值必须与对应客户端请求中的id值一致。若检查到请求对象的id错误（如参数错误或无效请求），则该值必须为空值。

响应格式示例内容如下：

```
{"jsonrpc": "2.0", "result": "0x1", "id": 1}
```

【课堂训练6-5】请简述FISCO BCOS的RPC模块的常用命令。

任务实施

6.2.3 FISCO BCOS的RPC模块的简单命令

根据之前学习的内容，我们已搭建了FISCO BCOS的示例网络，可以使用curl命令以客户端的形式获取区块链节点的相关内容。

（1）获取节点版本信息。调用方法method为getClientVersion，操作如下：

```
curl -X POST --data '{"jsonrpc":"2.0","method":"getClientVersion","params":[],"id":1}' http://127.0.0.1:8545 |jq
```

若操作正确，会有如下输出信息：

```
{
  "id": 1,
  "jsonrpc": "2.0",
  "result": {
    "Build Time": "20210201 10:03:03",
    "Build Type": "Linux/clang/Release",
    "Chain Id": "1",
    "FISCO-BCOS Version": "2.7.2",
    "Git Branch": "HEAD",
```

```
    "Git Commit Hash": "4c8a5bbe44c19db8a002017ff9dbb16d3d28e9da",
    "Supported Version": "2.7.2"
  }
}
```

输出内容对应解释,即节点获取信息的说明,如表 6-2 所示。

表 6-2 节点获取信息说明

字 段	说 明
Build Time	编译时间
Build Type	编译机器环境
Chain Id	链 ID
FISCO-BCOS Version	节点版本
Git Branch	版本分支
Git Commit Hash	版本最新提交的哈希值
Supported Version	节点支持的版本

(2)获取区块高度。调用方法 method 为 getBlockNumber,操作如下:

```
curl -X POST --data '{"jsonrpc":"2.0","method":"getBlockNumber","params":[1],"id":1}' http://127.0.0.1:8545 |jq
```

执行成功会有如下输出信息:

```
{
  "id": 1,
  "jsonrpc": "2.0",
  "result": "0xb"
}
```

(3)获取群组节点信息。通过指定方法 getGroupPeers 获取指定群组内的共识节点和观察节点列表,如下命令为查询群组编号为 1 的节点列表:

```
curl -X POST --data '{"jsonrpc":"2.0","method":"getGroupPeers","params":[1],"id":1}' http://127.0.0.1:8545 |jq
```

执行成功会有如下输出信息:

```
{
  "id": 1,
  "jsonrpc": "2.0",
  "result": [

"390f98f9451a090cd03d097bc009742867ddde6c702c88884cdba76380941bfd2983df70e6f6d19e5f4e422f308b06628625631454e0566eb8581a532a9c8459",

"a48f6183571c8fc0e43d5163d97f90ea8d0f93cdbc0924c04386eca22363ab9d424f3097d4e
```

```
        7f5bde15dbfa2ac74b7791628c22f0149a37185c2b814544b7280",

        "d7d8bfcb21db7da2fb8838a655248ef49b30e9aa7ba6c4e7edeb1a73a3a7257e661a5e6c448
        655e3c1960c5b073e4b4232158ee92a512521ac4f8089456af62b",

        "dc0ed72c2495b566d899591831d6af8d32a833c7a63424f75e5a99b3f4755757a2e9e0ecc1f
        0e591aaf6fb0949b81954fe633c3727612f33ef9084d61a1f67ac"
      ]
    }
```

其中，result 对象中的内容为群组内节点的 nodeid，可以通过如下命令验证：

```
cat ~/fisco/nodes/127.0.0.1/node0/conf/node.nodeid
```

上述命令为查询 node0 节点的 nodeid 信息。

（4）查询群组 ID 列表。通过方法 getGroupList 获取信息，操作如下：

```
curl -X POST --data '{"jsonrpc":"2.0","method":"getGroupList","params":[],"id":1}' http://127.0.0.1:8545 |jq
```

执行成功会有如下输出信息：

```
{
  "id": 1,
  "jsonrpc": "2.0",
  "result": [
      1
  ]
}
```

其中，result 属性中列出了所有的群组编号。

任务评价

填写任务评价表，如表 6-3 所示。

表 6-3　任务评价表

工作任务清单	完成情况
学习 RPC 协议基本概念	
学习 FISCO BCOS 的 RPC 模块	
使用 FISCO BCOS 的 RPC 模块简单命令	

任务拓展

【拓展训练 6-2】访问 FISCO BCOS 官方文档，查看更多的 RPC 接口。尝试使用 RPC

模块的其他接口，并查看返回信息。

任务 6.3 搭建 P2P 网络

任务情景

【任务场景】

在区块链中，节点之间的应用层是如何进行通信的呢？

【任务布置】

（1）学习 P2P 网络通信的基本知识。
（2）学习 FISCO BCOS 的网络传输协议。
（3）掌握搭建 P2P 网络和添加新节点进入网络的方法。

知识准备

6.3.1　P2P 网络通信

P2P 网络又称对等网络（Peer-to-Peer networking），或对等计算（Peer-to-Peer computing），是一种在对等节点（Peer）之间分配任务和工作负载的分布式应用架构，是对等计算模型在应用层层面的一种组网或网络形式。

在 P2P 网络环境中，彼此连接的多台计算机之间处于对等的地位，各台计算机有相同的功能，无主从之分，一台计算机既可以作为服务器，设定共享资源供网络中其他计算机使用，又可以作为工作站。网络中的参与者能被其他对等节点直接访问，无须经过中间实体，它既是资源、服务和内容的提供者，也可以是资源、服务和内容的获取者。整个网络不需要专用的集中服务器或专用的工作站。网络中的每台计算机既能充当网络服务的请求者，又能对其他计算机的请求做出响应，提供资源、服务和内容。通常这些资源和服务包括：信息的共享和交换、计算资源（如 CPU 计算能力共享）、存储共享（如缓存和磁盘空间的使用）、网络共享、打印机共享等。

在区块链技术中由于采用了去中心化的理论，数据均以点对点的通信方式实现，因此 P2P 通信技术在节点通信中应用极其广泛。

【课堂训练 6-6】请简述 P2P 原理。

6.3.2　FISCO BCOS 的网络传输协议

基于 P2P 网络通信的原理，FISCO BCOS 针对自身区块链业务设计了个性化的网络传输协议。在 FISCO BCOS 网络传输协议中包含了两类数据包格式，分别为：

（1）P2PMessage 格式：用于实现节点与节点之间的通信。

（2）ChannelMessage 格式：用于实现节点与客户端通过 SDK 的方式通信。

如图 6-11 所示为 FISCO BCOS 网络传输协议的实现形式。

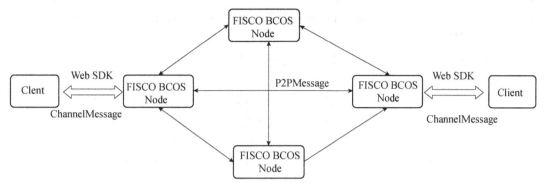

图 6-11　FISCO BCOS 网络传输协议实现形式

P2PMessage 作为区块链网络节点间进行数据传输的协议，从 2.0 开始扩展了群组 ID 和模块 ID 的范围，最多支持 32767 个群组，且新增了 Version 字段来支持其他特性（如网络压缩），包头大小为 16 字节，其数据包的结构如图 6-12 所示。

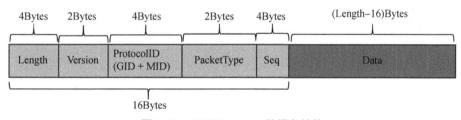

图 6-12　P2PMessage 数据包结构

表 6-4 为 P2PMessage 数据包内容的描述。

表 6-4　P2PMessage 数据包内容

名　称	类　型	描　述
Length	uint32_t	数据包长度，含包头和数据
Version	uint16_t	记录数据包版本和特性信息，最高位 0x8000 用于记录数据包是否压缩
groupID (GID)	int16_t	群组 ID，范围 1~32767
ModuleID (MID)	uint16_t	模块 ID，范围 1~65535
PacketType	uint16_t	数据包类型，同一模块 ID 下的子协议标识
Seq	uint32_t	数据包序列号，每个数据包自增
Data	vector	数据本身，长度为 Lenght-12

【课堂训练 6-7】请简述 P2PMessage 数据包格式。

6.3.3 FISCO BCOS 节点的通信设置

我们可以通过在 FISCO BCOS 节点的配置文件中对节点的通信进行配置。根据之前学习的内容，我们已经部署了 FISCO BCOS 的测试区块链网络，在网络中每个节点都有其对应的配置文件，包括主配置 config.ini 和多个账本配置 group.group_id.genesis、group.group_id.ini，不同配置文件描述如下。

（1）config.ini：主配置文件，主要配置 RPC、P2P、SSL 证书、账本配置文件路径、兼容性等信息。

（2）group.group_id.genesis：群组配置文件，群组内所有节点一致，节点启动后，不可手动更改该配置，主要包括群组共识算法、存储类型、最大 Gas 限制等配置项。

（3）group.group_id.ini：群组可变配置文件，包括交易池大小等，配置后重启节点生效。

在 FISCO BCOS 的主配置文件 config.ini 中可以进行 P2P 的网络配置，包括配置连接节点的 IP 和端口，配置内容包括

（1）listen_ip：P2P 监听 IP，默认设置为 0.0.0.0。

（2）listen_port：节点 P2P 监听端口。

（3）node.*：需要加入区块链的所有节点"IP:Port"或"DomainName:Port"。"DomainName"为域名，使用域名需要对源码进行手动编译。

（4）enable_compress：开启网络压缩的配置选项，如设置为 true，表明开启网络压缩功能；设置为 false，表明关闭网络压缩功能。

任务实施

6.3.4 添加新节点

（1）目前 FISCO BCOS 已支持 IPv6 的配置信息，可以在 config.ini 文件中找到"[P2P]"关键字进行相关配置，示例内容如下：

```
# ipv4
[P2P]
    listen_ip=0.0.0.0
    listen_port=30300
    node.0=127.0.0.1:30300
    node.1=127.0.0.1:30304
    node.2=127.0.0.1:30308
    node.3=127.0.0.1:30312

# ipv6
[P2P]
    listen_ip=::1
    listen_port=30300
    node.0=[::1]:30300
    node.1=[::1]:30304
```

```
        node.2=[::1]:30308
        node.3=[::1]:30312
```

（2）添加新节点进入网络。前提是已有节点1"nodes"，节点2"node1"。

①进入nodes同级目录，在该目录下拉取并执行gen_node_cert.sh命令生成节点目录，目录名以node2为例，node2内有conf/目录。

```
# 获取脚本
$ curl -LO https://raw.githubusercontent.com/FISCO-BCOS/FISCO-BCOS/master/tools/gen_node_cert.sh && chmod u+x gen_node_cert.sh
# 执行，-c为生成节点所提供的ca路径，agency为机构名，-o为将生成的节点目录名
$ ./gen_node_cert.sh -c nodes/cert/agency -o node2
```

②拷贝node2到nodes/127.0.0.1/下，与其他节点目录（node0、node1）同级。

```
$ cp -r ./node2/ nodes/127.0.0.1/
```

③进入nodes/127.0.0.1/，拷贝node0/config.ini、node0/start.sh和node0/stop.sh到node2目录。

```
$ cd nodes/127.0.0.1/
$ cp node0/config.ini node0/start.sh node0/stop.sh node2/
```

④修改node2/config.ini。对于[rpc]模块，修改listen_ip、channel_listen_port和jsonrpc_listen_port；对于[P2P]模块，修改listen_port并在node.中增加自身节点信息。

```
$ vim node2/config.ini
[rpc]
;rpc listen ip
    listen_ip=127.0.0.1
;channelserver listen port
    channel_listen_port=20302
;jsonrpc listen port
    jsonrpc_listen_port=8647
[P2P]
;P2P listen ip
    listen_ip=0.0.0.0
;P2P listen port
    listen_port=30402
;nodes to connect
    node.0=127.0.0.1:30400
    node.1=127.0.0.1:30401
node.2=127.0.0.1:30402
```

⑤节点3拷贝节点1的node1/conf/group.3.genesis（内含群组节点初始列表）和node1/conf/group.3.ini到node2/conf目录下，无须改动。

```
$ cp node1/conf/group.3.genesis node2/
$ cp node1/conf/group.3.ini node2/
```

⑥执行node2/start.sh启动节点3。

$ ./node2/start.sh

⑦确认节点3与节点1和节点2的连接已经建立，加入网络操作完成。

# 在打开 DEBUG 级别日志的前提下，查看自身节点（node2）连接的节点数及所连接的节点信息(nodeID)
# 以下日志表明节点node2与两个节点（节点的nodeID前4字节为b231b309、aab37e73）建立了连接
$ tail -f node2/log/log*| grep P2P
    debug|2019-02-2110:30:18.694258|[P2P][Service] heartBeat ignore connected,endpoint=127.0.0.1:30400,nodeID=b231b309...
    debug|2019-02-2110:30:18.694277|[P2P][Service] heartBeat ignore connected,endpoint=127.0.0.1:30401,nodeID=aab37e73...
    info|2019-02-2110:30:18.694294|[P2P][Service] heartBeat connected count,size=2

任务评价

填写任务评价表，如表6-5所示。

表6-5 任务评价表

工作任务清单	完成情况
学习P2P网络通信的基本知识	
学习FISCO BCOS的网络传输协议	
掌握搭建P2P网络和添加新节点进入网络的方法	

任务拓展

【拓展训练6-3】添加新节点，并将其作为共识节点加入群组。

归纳总结

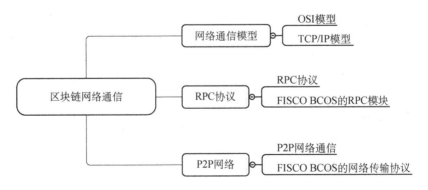

测试习题

一、填空题

1. 在 OSI 模型中，一共有七层，其中传输数据流的是_____，传输数据帧的是_____，传输数据包的是_____，传输数据段的是_____。
2. TCP/IP 模型层次结构从下到上分别为：_____、_____、_____、_____。
3. 在 FISCO BCOS 中网络传输协议使用两类数据包格式，分别为_____格式和_____格式。

二、单项选择题

1. FISCO BCOS 能够监听外网的端口是（   ）。
   A. P2P   B. RPC
   C. Channel

2. 想要通过 RPC 接口返回已连接的 P2P 节点信息时，其中 curl 命令的 method 参数对应方法名称为（   ）。
   A. getGroupList   B. getGroupPeers
   C. getPeers   D. getConsensusStatus

3. 以下哪一个端口的作用是 Console 控制台和客户端的 SDK 连接？（   ）
   A. P2P 端口   B. RPC 端口
   C. Channel 端口

技能训练

1. 通过 RPC 接口不同的方法名获取更多信息。
2. 修改配置文件 config.ini 里的 storage_security 模块，开启磁盘加密功能。
3. 修改配置文件 config.ini 里的 flow_control 模块，开启流量控制功能。

单元 7　区块链平台维护

学习目标

通过本单元的学习，使学生能够掌握区块链管理工具的使用，掌握区块链日志功能，掌握区块链权限配置功能，具备搭建 Fabric 基本环境的能力，具备配置和查看区块链日志的能力，具备区块链权限配置的能力。

任务 7.1　区块链管理工具

任务情景

【任务场景】

在现有的开发环境中，有不同的工具帮助我们简易管理开发系统，那么在区块链中有哪些工具帮助操作人员？它们是如何工作的？

【任务布置】

（1）学习 FISCO BCOS 管理工具。
（2）学习 Hyperledger Fabric 管理工具。
（3）搭建 Fabric 基本环境。

知识准备

7.1.1　FISCO BCOS 管理工具

1. 开发部署工具 build_chain.sh 的使用

build_chain.sh 具有多种功能，主要包括：
- 快速生成一条链中的节点的配置文件。
- 快速启动一条适应各种复杂场景的 FISCO BCOS 链。
- 使用部分选项可以使区块链进入测试模式（通过-T 选项配置）。

由于 build_chain.sh 脚本依赖于 openssl 工具,我们需要掌握 openssl 工具的安装。在 CentOS 系统上安装 openssl 的命令如下:

```
sudo yum install openssl
sudo yum install openssl-devel
```

在 Ubuntu 系统上安装 openssl 的命令如下:

```
sudo apt-get install openssl
sudo apt-get install libssl-dev
```

1)build_chain.sh 的详细选项信息

-l 选项:用于指定要生成的链的 IP 列表及每个 IP 下的节点数,以逗号分隔。脚本根据输入的参数生成对应的节点配置文件,其中每个节点的端口号默认从 30300 开始递增,所有节点属于同一个机构和群组。

-f 选项:通过配置文件定义生成列的配置信息,按行进行分隔,每行表示一个服务器配置信息,格式为"[IP]:[NUM] [AgencyName] [GroupList]",每行内的项使用空格分隔。"IP:NUM"表示机器的 IP 地址及该机器上的节点数;"AgencyName"表示机构名,用于指定使用的机构证书;"GroupList"表示该行生成的节点所属的组,以","分隔。例如,"192.168.0.1:2 agency1 1,2"表示"IP"为"192.168.0.1"的机器上有两个节点,这两个节点属于机构"agency1",属于 group1 和 group2。配置信息示例代码如下:

```
192.168.0.1:1 agency1 1,2 30300,20200,8545
192.168.0.2:1 agency1 1,2 30300,20200,8545
192.168.0.3:2 agency1 1,3 30300,20200,8545
192.168.0.4:1 agency2 1   30300,20200,8545
192.168.0.5:1 agency3 2,3 30300,20200,8545
192.168.0.6:1 agency2 3   30300,20200,8545
```

-e 选项:用于指定 FISCO BCOS 二进制所在的完整路径,脚本会将 FISCO BCOS 拷贝到以 IP 为名的目录下。不指定时,默认从 GitHub 下载最新的二进制程序。

从 GitHub 下载最新 release 二进制,生成本机 4 节点,示例代码如下:

```
$ bash build_chain.sh -l 127.0.0.1:4
```

使用 bin/fisco-bcos 二进制,生成本机 4 节点,示例代码如下:

```
$ bash build_chain.sh -l 127.0.0.1:4 -e bin/fisco-bcos
```

-o 选项:指定生成的配置所在的目录。

-p 选项:指定节点的起始端口,每个节点占用 3 个端口,分别是"P2P""channel""jsonrpc"。使用","分割端口,必须指定 3 个端口。同一个 IP 下的不同节点所使用的端口从起始端口递增。示例代码如下:

```
#bash build_chain.sh -l 127.0.0.1:2 -p 30300,20200,8545
```

表示两个节点分别占用"30300,20200,8545"和"30301,20201,8546"。

-d 选项:使用 docker 模式搭建 FISCO BCOS,使用该选项时不再拉取二进制,但要求用户启动节点机器安装 docker 且账号有 docker 权限，即用户加入 docker 群组。在节点目录下执行如下命令启动节点：

./start.sh

使用此模式下的 start.sh 脚本启动节点的命令如下：

```
docker run -d --rm --name ${nodePath} -v ${nodePath}:/data --network=host -w=/data fiscoorg/fiscobcos:latest -c config.ini
```

-s 选项：定义区块链节点使用的数据库，目前支持 RocksDB、mysql、Scalable。默认使用 RocksDB。

-c 选项：定义共识算法类型，可以定义的节点共识算法包括 PBFT、Raft、rPBFT。

-t 选项：用于指定证书的配置文件（仅在非国密模式下生效），配置文件示例代码如下：

```
[ca]
default_ca=default_ca
[default_ca]
default_days = 365
default_md = sha256
[req]
distinguished_name = req_distinguished_name
req_extensions = v3_req
[req_distinguished_name]
countryName = CN
countryName_default = CN
stateOrProvinceName = State or Province Name (full name)
stateOrProvinceName_default =GuangDong
localityName = Locality Name (eg, city)
localityName_default = ShenZhen
organizationalUnitName = Organizational Unit Name (eg, section)
organizationalUnitName_default = fisco-bcos
commonName =  Organizational  commonName (eg, fisco-bcos)
commonName_default = fisco-bcos
commonName_max = 64
[ v3_req ]
basicConstraints = CA:FALSE
keyUsage = nonRepudiation, digitalSignature, keyEncipherment
[ v4_req ]
basicConstraints = CA:TRUE
```

-k 选项：使用用户指定的链证书和私钥签发机构和节点的证书，参数指定路径，路径下必须包括 ca.crt/ca.key。如果所指定的私钥和证书是中间 ca，那么此文件夹下还需要包括 root.crt，用于存放上级证书链。

-K 选项：国密模式使用用户指定的链证书和私钥签发机构和节点的证书，参数指定路径，路径下必须包括 gmca.crt/gmca.key。如果所指定的私钥和证书是中间 ca，那么此文件夹下还需要包括 gmroot.crt，用于存放上级证书链。

-G 选项：从 FISCO BCOS 区块链技术 2.5.0 版本开始，在国密模式下，用户可以配置节点与 SDK 连接是否使用国密 SSL，设置此选项则 chain.sm_crypto_channel=true。默认节点与 SDK 的 channel 连接使用 secp256k1 的证书。

-T 选项：无参数选项，设置该选项时，设置节点的 log 级别为 DEBUG。

2）节点文件组织结构

通过之前的应用部署工作，在 fisco 目录下已经创建了 nodes 目录，使用 tree 命令可以查看 nodes 目录的详细信息，具体信息如下：

```
tree nodes/
nodes/
├── 127.0.0.1
│   ├── fisco-bcos # 二进制程序
│   ├── node0 # 节点0文件夹
│   │   ├── conf # 配置文件夹
│   │   │   ├── ca.crt # 链证书
│   │   │   ├── group.1.genesis # 群组1初始化配置，该文件不可更改
│   │   │   ├── group.1.ini # 群组1配置文件
│   │   │   ├── node.crt # 节点证书
│   │   │   ├── node.key # 节点私钥
│   │   │   ├── node.nodeid # 节点id，公钥的十六进制表示
│   │   ├── config.ini # 节点主配置文件，配置监听IP、端口等
│   │   ├── start.sh # 启动脚本，用于启动节点
│   │   └── stop.sh # 停止脚本，用于停止节点
│   ├── node1 # 节点1文件夹
│   │.....
│   ├── node2 # 节点2文件夹
│   │.....
│   ├── node3 # 节点3文件夹
│   │.....
│   ├── sdk # SDK与节点SSL连接配置，FISCO-BCOS 2.5.0及之后的版本，添加了SDK只能连接本机构节点的限制，操作时需确认拷贝证书的路径，否则建链报错
│   │   ├── ca.crt # SSL连接链证书
│   │   ├── sdk.crt # SSL连接证书
│   │   └── sdk.key # SSL连接证书私钥
│   │   └── gm # SDK与节点国密SSL连接配置，注意：生成国密区块链环境时才会生成该目录，用于节点与SDK的国密SSL连接
│   │       ├── gmca.crt # 国密SSL连接链证书
│   │       ├── gmensdk.crt # 国密SSL连接加密证书
│   │       ├── gmensdk.key # 国密SSL连接加密证书私钥
```

```
|    |    |    ├── gmsdk.crt  # 国密 SSL 连接签名证书
|    |    |    └── gmsdk.key  # 国密 SSL 连接签名证书私钥
├── cert  # 证书文件夹
|    ├── agency  # 机构证书文件夹
|    |    ├── agency.crt  # 机构证书
|    |    ├── agency.key  # 机构私钥
|    |    ├── agency.srl
|    |    ├── ca-agency.crt
|    |    ├── ca.crt
|    |    └── cert.cnf
|    ├── ca.crt  # 链证书
|    ├── ca.key  # 链私钥
|    ├── ca.srl
|    └── cert.cnf
```

在上述信息中,已经说明了 FISCO BCOS 节点的相关信息,我们在使用时还需注意如下配置内容。

(1) cert 文件夹下存放链的链证书和机构证书。

(2) 以 IP 命名的文件夹下存储该服务器所有节点相关配置、fisco-bcos 可执行程序、SDK 所需的证书文件。

(3) 每个 IP 文件夹下的 node* 文件夹下存储节点所需的配置文件,其中 config.ini 为节点的主配置,conf 目录下存储证书文件和群组相关配置。每个节点中还提供 start.sh 和 stop.sh 脚本,用于启动和停止节点。

(4) 每个 IP 文件夹下提供 start_all.sh 和 stop_all.sh 两个脚本用于启动和停止所有节点。

3) 其他脚本使用说明

查看当前控制台版本:

```
./start.sh -version
console version: 2.7.2'
```

生成用户,使用 get_account.sh 脚本生成新的用户,生成的账号文件存在于 accounts 目录下。通过指定群组号和 PEM 格式私钥文件启动。

```
./get_account.sh
[INFO] Account Address:
 0xcbef7487703d4b9239cb22816196bec54476c
bba
[INFO] Private Key (pem) :
accounts/0xcbef7487703d4b9239cb22816196bec54476cbba.pem
[INFO] Public Key (pem) :
accounts/0xcbef7487703d4b9239cb22816196bec54476cbba.public.pem
./start.sh 1 -pem accounts/0xebb824a1122e587b17701ed2e512d8638dfb9c88.pem
./start.sh 1 -pem accounts/0xebb824a1122e587b17701ed2e512d8638dfb9c88.pem
```

2. 命令行交互工具 Console 的使用

在应用部署模块，我们已实现了使用 Console 工具部署一个测试智能合约。除了使用 deploy 实现合约部署，Console 还包括诸多其他功能，在这里仅列出调用相关的命令。

1）创建账号命令 newAccount

创建新的发送交易的账号，默认会以 PEM 格式将账号保存在 account 目录下。在命令行输入的信息如下：

```
[group:1]> newAccount
AccountPath: account/ecdsa/0xf4bfa020525f1875ae882460b
ad3615659b19e3d.pem
Note: This operation does not create an account in the blockchain, but only
creates a local account, and deploying a contract through this account will create
an account in the blockchain
newAccount: 0xf4bfa020525f1875ae882460bad3615659b19e3d
AccountType: ecdsa
```

2）加载账号命令 loadAccount

该命令用于加载 PEM 或 P12 格式的私钥文件，加载的私钥可以用于发送交易签名。参数包括：①私钥文件路径，支持相对路径、绝对路径和默认路径三种方式，用户输入为账号地址时，默认从 config.toml 的账号配置选项 keyStoreDir 加载账号；②账号格式，可选，加载的账号文件类型，支持 pem 与 p12，默认为 pem。

使用 loadAccount 命令可以加载上述 newAccount 命令创建的账号，操作如下：

```
[group:1]> loadAccount 0xf4bfa020525f1875ae882460bad3615659b19e3d
Load account 0xf4bfa020525f1875ae882460bad3615659b19e3
d success
```

3）部署智能合约命令 deploy

部署智能合约命令的格式为：

```
deploy [合约路径]
```

合约路径参数支持相对路径、绝对路径和默认路径三种方式。用户输入为文件名时，从默认目录获取文件，默认目录为 contracts/solidity。例如输入为 "HelloWorld"，示例代码如下：

```
[group:1]> deploy HelloWorld
transaction hash:
0xc72152a59078e099794d1c46ad3fbd17761bbb9bf53ff241a59e4f2afcc7cd95
contract address:
0x605f18f042722f6952a5caa8418db7d382beecd2
currentAccount: 0xf4bfa020525f1875ae882460bad3615659b19e3d
```

4）调用智能合约 call

调用智能合约命令的格式如下：

```
call [合约路径] [合约地址] [合约接口名] [合约接口的参数]
```

参数包括：

①合约路径：合约文件的路径，支持相对路径、绝对路径和默认路径三种方式。用户输入为文件名时，从默认目录获取文件，默认目录为 contracts/solidity。

②合约地址：部署合约获取的地址。

③合约接口名：调用的合约接口名。

④接口参数：由合约接口参数决定。参数由空格分隔，数组参数需要加上中括号，如[1,2,3]。数组中是字符串或字节类型时，加双引号，如["alice","bob"]。注意数组参数中不要有空格，布尔类型为 true 或 false。

示例代码如下：

```
[group:1]> call HelloWorld 0x605f18f042722f6952a5caa8418db7d382beecd2 get
---------------------------------------------------------------
Return code: 0
description: transaction executed successfully
Return message: Success
---------------------------------------------------------------
Return value size:1
Return types: (STRING)
Return values:(Hello, World!)
```

【课堂训练 7-1】在 FISCO BCOS 环境中利用 Console 工具查看共识状态，显示合约接口和 Event 列表。

7.1.2　Hyperledger Fabric 管理工具安装与配置

在本小节的任务实施中我们将搭建 Fabric 联盟链网络，此过程中使用了包括 peer、cryptogen 等诸多命令。在 Hyperledger Fabric 联盟链的维护与管理方面，这些工具也是基础，我们需要掌握并使用这些工具。需要注意的是，由于 Hyperledger Fabric 版本迭代较快，不同版本间的工具命令会有偏差，本书主要基于 Hyperledger Fabric 的 v2.3.0 版本进行介绍。

Hyperledger Fabric 的管理工具可以直接从官网下载，或通过源码编译生成，由于本书采用 v2.3.0 版本，读者可以根据链接"https://github.com/hyperledger/fabric/releases/download/v2.3.0/hyperledger-fabric-linux-amd64-2.3.0.tar.gz"下载 Linux 环境下二进制管理工具。下载成功后，在全局变量 path 中添加二进制文件所在目录，实现快速使用。

另一方面，Hyperledger Fabric 提供了承载管理工具的容器 fabric-tools，可以通过 docker 下载指定版本的 fabric-tools 镜像，再通过命令启动容器，在容器中使用工具。

接下来，重点介绍几个常用二进制工具命令。

1. peer 命令

peer 工具是用于操作 Fabric 网络中除 orderer 节点以外的 peer 节点的，包含 peer channel、peer lifecycle chaincode、peer node 等子命令。在 peer 命令执行时会读取对应的 core.yaml 配置文件，通过配置 FABRIC_CFG_PATH 环境变量定义。连接任意 peer 节点时需要配置环境变量获取管理员权限执行操作，包括 CORE_PEER_LOCALMSPID、CORE_PEER_TLS_ENABLED、CORE_PEER_TLS_ROOTCERT_FILE、CORE_PEER_MSPCONFIGPATH、CORE_PEER_ADDRESS。接下来介绍 peer 的子命令。

1）peer node

使用 peer node 命令可以让管理员启动一个 peer 节点，通过 genesis block 重置节点内的所有通道或者将通道内账本回滚到指定区块号。peer node 子命令及描述如表 7-1 所示。

表 7-1　peer node 子命令及描述

命令名称	描述
peer node start	启动一个 peer 节点
peer node reset	重置节点内的所有通道
peer node rollback	回滚节点内的通道到指定区块号

2）peer channel

peer channel 命令用于在管理员权限下对通道进行相关操作，如将节点加入一个通道、查询节点加入的所有通道等。peer channel 子命令及描述如表 7-2 所示。

表 7-2　peer channel 子命令及描述

命令名称	描述
peer channel create	创建一个通道
peer channel fetch	获取通道中的一个块
peer channel getinfo	从指定通道中获取区块链信息
peer channel join	将节点加入一个通道
peer channel list	查询节点加入的所有通道
peer channel signconfigtx	为配置文件 configtx 更新签名
peer channel update	发送配置文件 configtx 更新请求

在执行上述命令时还有一系列选项需要配置，包括身份认证、TLS 认证等。peer channel 命令的选项及描述如表 7-3 所示。

表 7-3　peer channel 命令的选项及描述

选项	描述
--cafile	orderer 节点身份认证文件的路径
--certfile	与 orderer 节点进行 TLS 加密通信的公钥
--clientauth	在与 orderer 节点通信时，节点是否也需要 TLS 加密
--connTimeout	客户端连接超时时间（默认为 3 秒）
--orderer 或 -o	orderer 节点的地址
--ordererTLSHostnameOverride	当使用 TLS 加密时使用的域名
--tls	是否使用 TLS 加密
--tlsHandshakeTimeShift	TLS 加密通信握手时数据检验的时延

3）peer lifecycle chaincode

peer lifecycle chaincode 命令可以通过管理员角色执行 Chaincode 的相关操作，包括打包 Chaincode、安装 Chaincode、为组织执行批准 Chaincode Definition、提交 Definition 到 channel 等操作。peer lifecycle chaincode 子命令及描述如表 7-4 所示。

表 7-4 peer lifecycle chaincode 子命令及描述

命令名称	描述
peer lifecycle chaincode approveformyorg	针对连接 peer 节点的组织，批准对应的 Chaincode Definition
peer lifecycle chaincode checkcommitreadiness	检查是否一个 Chaincode Definition 已经准备好加入通道
peer lifecycle chaincode commit	将 Chaincode Definition 提交到链上
peer lifecycle chaincode getinstallpacheage	从连接的 peer 节点中获取一个已经安装过 Chaincode 的压缩包
peer lifecycle chaincode install	安装 Chaincode
peer lifecycle chaincode package	打包 Chaincode
peer lifecycle chaincode queryaprroved	查询相关组织中已经获得批准的 Chaincode Definition
peer lifecycle chaincode querycommitted	查询已经提交的 Chaincode Definition
peer lifecycle chaincode queryinstalled	查询已经安装的 Chaincode

在执行上述命令时还需配置一些选项，peer lifecycle chaincode 选项及描述如表 7-5 所示。

表 7-5 peer lifecycle chaincode 选项及描述

选项	描述
--cafile	包含 orderer 节点的授信证书路径
--certfile	包含与 orderer 节点通过 TLS 加密机制通信的公钥
--clientauth	当与 orderer 节点进行交互数据传输时，client 节点是否也需要加密通信
--connTimeout	连接超时时间（默认为 3 秒）
--keyfile	与 orderer 节点通过 TLS 加密机制通信的私钥
--orderer	orderer 服务器节点地址
--ordererTLSHostnameOverride	当验证与 orderer 节点的 TLS 连接时需要的域名
--tls	是否使用 TLS 加密
--tlsHandshakeTimeShift	TLS 加密通信握手时数据检验的时延

2. cryptogen 命令

cryptogen 是一种用于创建 Fabric 网络中的密钥相关内容的工具命令。使用此工具主要用于在测试网络中预定义网络，在生产网络一般不使用。cryptogen 子命令及描述如表 7-6 所示。

表 7-6 cryptogen 子命令及描述

命令	描述
cryptogen generate	生成密钥相关文件
cryptogen showtemplate	显示默认的配置模板
cryptogen extend	对现有网络的衍生

使用 cryptogen generate 命令时需要使用选项配置输出目录和指定读取的配置信息，cryptogen generate 选项及描述如表 7-7 所示。

表 7-7　cryptogen generate 选项及描述

选　项	描　述
--output	输出密钥文件目录的路径
--config	指定读取的配置文件路径

使用 cryptogen extend 命令时需要配合相关选项使用，cryptogen extent 选项及描述如表 7-8 所示。

表 7-8　cryptogen extent 选项及描述

选　项	描　述
--input="crypto-config"	更新密钥文件目录的路径
--config	指定读取的配置文件路径

3. configtxgen 命令

使用 configtxgen 命令允许用户创建和检查通道的配置，通道的配置信息被保存在 configtx.yaml 文件中，因此在使用 configtxgen 命令时需要先指定 configtx.yaml 文件。configtx.yaml 文件的位置由环境变量 FABRIC_CFG_PATH 定义，在 configtxgen 命令执行前都会读取这个环境变量以获取 configtx.yaml 的文件位置。configtxgen 命令可以通过配置选项实现不同功能，如表 7-9 所示。

表 7-9　configtxgen 命令选项及描述

选　项	描　述
-channelID	configtx 中的通道编号
-configPath	指定配置的路径
-inspectBlock	打印输出指定目录下包含块的配置信息
-inspectChannelCreateTx	打印输出指定目录下包含交易的配置信息
-outputBlock	写入起始块信息的路径
-outputCreateChannelTx	写入通道创建配置的路径
-printOrg	以 JSON 的形式打印组织内容
-profile	在通道生成时使用的 configtx.yaml 中的内容
-asOrg	通过组织名称作为标识，执行配置文件相关生成操作，生成操作都需要以标识作为依据，不执行在配置文件中超过标识以外的内容
-channelCreateTxBaseProfile	指定一个配置文件，将其视为 orderer 服务系统通道的当前状态，以此来修改在通道创建过程中非应用程序的参数。仅与 "-outputCreateChannelTx" 选项联用

4. configtxlator 命令

使用 configtxlator 命令可以让用户将 Fabric 网络中相关的数据结构及创建与更新的配置在 protobuf 格式与 JSON 格式间相互转换。此命令有两种使用方式，一种是作为服务端进程以 Rest Server 的形式提供接口使用，另一种是直接作为命令行使用。该命令详细介绍地址如下：

https://hyperledger-fabric.readthedocs.io/en/release-2.3/commands/configtxlator.html

【课堂训练 7-2】请简述本节介绍的工具命令的主要功能。

任务实施

7.1.3 搭建 Fabric 基本环境

下面详细介绍如何搭建 Fabric 网络的基础环境。

1. 配置国内下载源并更新配置

（1）备份原始文件 "sudo cp /etc/apt/sources.list /etc/apt/sources.bak"。

（2）使用命令行打开：sudo gedit /etc/apt/sources.list。

（3）输入以下内容后保存并退出。

```
deb http://mirrors.aliyun.com/ubuntu/ bionic main restricted universe multiverse
deb http://mirrors.aliyun.com/ubuntu/ bionic-security main restricted universe multiverse
deb http://mirrors.aliyun.com/ubuntu/ bionic-updates main restricted universe multiverse
deb http://mirrors.aliyun.com/ubuntu/ bionic-proposed main restricted universe multiverse
deb http://mirrors.aliyun.com/ubuntu/ bionic-backports main restricted universe multiverse
deb-src http://mirrors.aliyun.com/ubuntu/ bionic main restricted universe multiverse
deb-src http://mirrors.aliyun.com/ubuntu/ bionic-security main restricted universe multiverse
deb-src http://mirrors.aliyun.com/ubuntu/ bionic-updates main restricted universe multiverse
deb-src http://mirrors.aliyun.com/ubuntu/ bionic-proposed main restricted universe multiverse
deb-src http://mirrors.aliyun.com/ubuntu/ bionic-backports main restricted universe multiverse
```

（4）在命令行中输入命令以更新配置：sudo apt-get update（更新下载源），更新配置结果如图 7-1 所示。

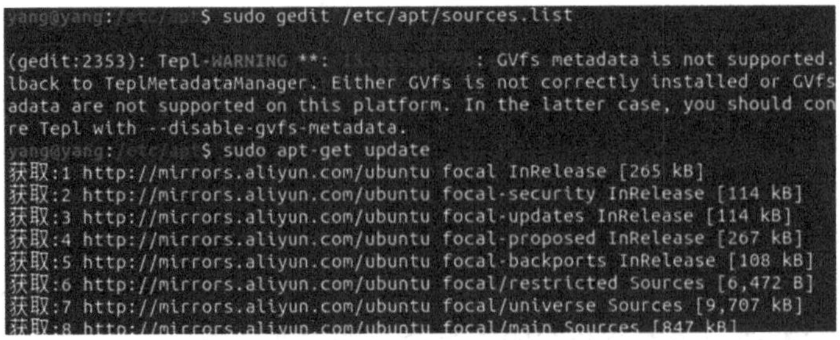

图 7-1 更新配置结果

2. 下载和配置 Go 语言编译环境

（1）国内 Go 语言安装包的下载地址为 https://studygolang.com/dl，下载网页部分展示如图 7-2 所示。

图 7-2　Go 语言下载网页部分展示

（2）下载最新版本的"go1.15.8.linux-amd64.tar.gz"到 Ubuntu 系统中，然后将压缩包复制到"/usr/local"路径下，并进行解压。cd /Download 的下载路径如下：

```
sudo cp go1.15.8.linux-amd64.tar.gz /usr/local
cd /usr/local
```

将压缩包解压缩于 go 文件夹下：

```
sudo tar -zxvf go1.15.8.linux-amd64.tar.gz go/
```

并且修改权限为 sudo chmod 777 go/*。

3. 配置 Go 的环境变量

在文本中添加以下内容：

```
export GoROOT=/usr/local/go         #go 存放目录
export GoPATH=$HOME/go              #go 项目存放目录
export PATH=$PATH:$GoROOT/bin       #go 可执行二进制文件存放目录
```

如果环境变量添加无效，则可在用户目录下的隐藏文件".bashrc"和".profile"中同时添加，再对其生效使得添加的环境变量生效，环境变量生效结果如图 7-3 所示。

```
source /etc/profile
go version#检测环境变量是否生效
```

图 7-3　环境变量生效结果

在 Ubuntu 系统中，source 之后的变更只在本命令窗口内有效，需要重启电脑才能使全局有效。

4. 配置 docker 环境

（1）安装 curl 工具：

```
sudo apt-get install -y curl
```

（2）安装最新版本的 docker：

```
sudo apt-get install -y docker.io
```

将当前用户加入 docker 用户组：

```
sudo usermod -a G docker yang
```

更新 docker 用户组：

```
newgrp docker
```

验证 docker：

```
docker -v  #查看docker版本
docker ps -a #查看docker中正在运行的容器
```

设置 docker 为开机自启动：

```
sudo systemctl enable docker
```

最终安装成功结果如图 7-4 所示。

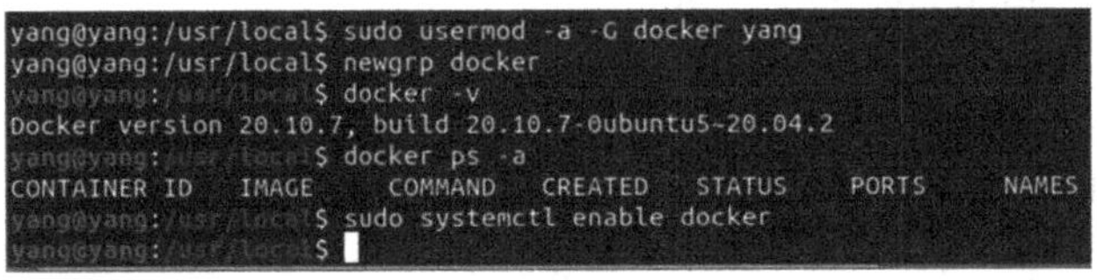

图 7-4　安装成功结果

（3）更换 docker 镜像库地址。将 docker 镜像库更改为国内的地址，编辑"/etc/docker/daemon.json"文件。

```
sudo gedit /etc/docker/daemon.json
```

添加以下内容：

```
{"registry-mirrors": [
"https://registry.docker-cn.com",
"https://cr.console.aliyun.com",
"http://hub-mirror.c.163.com"
]}
```

最后重启服务：

```
sudo systemctl daemon-reload
```

```
sudo systemctl restart docker.service
docker info
```

（4）安装 docker-compose，安装结果如图 7-5 所示。

```
sudo apt install -y docker-compose
```

检查是否安装成功：

```
docker-compose -v
```

图 7-5　docker-compose 安装结果

5. 安装 Fabric 源码

（1）下载 Fabric 源码并解压。

首先创建文件夹：

```
cd $HOME #切换用户主目录
sudo mkdir -p go/src/github.com/hyperledger/ #创建hyperledger存放的文件夹
cd go/src/github.com/hyperledger/
```

从 GitHub 上拉取 Fabric 的源码，如图 7-6 所示。

```
git clone https://github.com/hyperledger/fabric.git
```

若 GitHub 速度过慢，则换成 gitee 也可以。

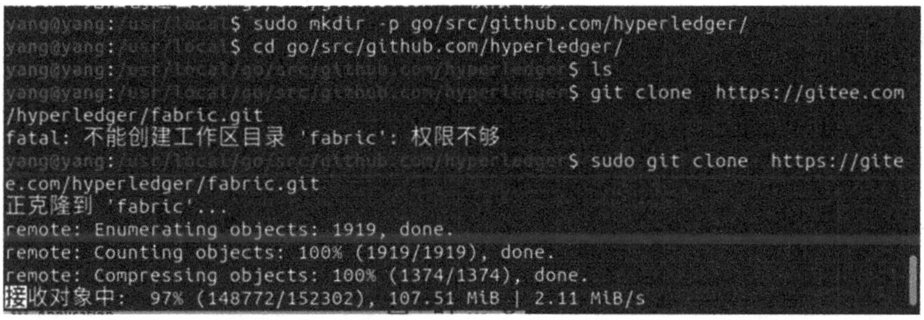

图 7-6　从 GitHub 上拉取 Fabric 源码

如果克隆速度过慢，也可以在 github.com 上下载源码压缩包进行解压使用。
解压命令：tar -zxvf 压缩文件路径。
切换到 Fabric 2.3.0 版本：

```
cd fabric/ #进入解压后的fabric目录
git branch -a #查看2.3分支
sudo git checkout release2.3.0 #切换远程分支，如图7-7所示
```

图 7-7　切换远程分支

（2）下载 docker 镜像和部署 fabric-samples。

进入 scripts 目录：

```
cd scripts/
```

运行脚本：

```
./bootstrap.sh
```

显示如图 7-8 所示。

```
docker.io/hyperledger/fabric-ca:1.4.9
===> List out hyperledger docker images
hyperledger/fabric-tools      2.3       2172e1e8ef5a   12 months ago   438MB
hyperledger/fabric-tools      2.3.0     2172e1e8ef5a   12 months ago   438MB
hyperledger/fabric-tools      latest    2172e1e8ef5a   12 months ago   438MB
hyperledger/fabric-peer       2.3       a572d898402a   12 months ago   56MB
hyperledger/fabric-peer       2.3.0     a572d898402a   12 months ago   56MB
hyperledger/fabric-peer       latest    a572d898402a   12 months ago   56MB
hyperledger/fabric-orderer    2.3       0a77c2792890   12 months ago   39.2MB
hyperledger/fabric-orderer    2.3.0     0a77c2792890   12 months ago   39.2MB
hyperledger/fabric-orderer    latest    0a77c2792890   12 months ago   39.2MB
hyperledger/fabric-ccenv      2.3       9432940881da   12 months ago   502MB
hyperledger/fabric-ccenv      2.3.0     9432940881da   12 months ago   502MB
hyperledger/fabric-ccenv      latest    9432940881da   12 months ago   502MB
hyperledger/fabric-baseos     2.3       4dbd6846872b   12 months ago   6.39MB
hyperledger/fabric-baseos     2.3.0     4dbd6846872b   12 months ago   6.39MB
hyperledger/fabric-baseos     latest    4dbd6846872b   12 months ago   6.39MB
hyperledger/fabric-ca         1.4       dbbc768aec79   14 months ago   158MB
hyperledger/fabric-ca         1.4.9     dbbc768aec79   14 months ago   158MB
hyperledger/fabric-ca         latest    dbbc768aec79   14 months ago   158MB
```

图 7-8　运行脚本拉取 Fabric 源码

执行“./bootstrap.sh -b”命令时，会在 scripts 目录下生成 fabric-samples，将 fabric-samples 复制到用户目录下：

```
sudo cp -p -r  ./fabric-samples $HOME/fabric/
```

将 fabric 二进制文件配置到环境变量中：

```
sudo gedit /etc/profile
```

在文件最后添加以下内容：

```
export PATH=$PATH:$HOME/fabric/fabric-samples/bin #$HOME 也可以是你测试fabric的路径。
```

更新配置：

```
source /etc/profile
```

6. 运行 Fabric

（1）检查以下前置要求：

```
go version
docker -v
docker-compose -v
docker images（需要tools、ccenv、orderer、peer、fabric-ca）
cd $HOME/fabric-samples && git branch
```

configtxgen-version 检查结果如图7-9 所示。

```
yang@yang:~/fabric/fabric-samples/test-network$ go version
go version go1.15.8 linux/amd64
yang@yang:~/fabric/fabric-samples/test-network$ docker -v
Docker version 20.10.7, build 20.10.7-0ubuntu5~20.04.2
yang@yang:~/fabric/fabric-samples/test-network$ docker-compose -v
docker-compose version 1.25.0, build unknown
yang@yang:~/fabric/fabric-samples/test-network$ docker images
REPOSITORY                   TAG      IMAGE ID       CREATED         SIZE
busybox                      latest   d23834f29b38   5 days ago      1.24MB
hyperledger/fabric-peer      2.4      4000f61a7d44   5 days ago      54.8MB
hyperledger/fabric-peer      2.4.0    4000f61a7d44   5 days ago      54.8MB
hyperledger/fabric-peer      latest   4000f61a7d44   5 days ago      54.8MB
hyperledger/fabric-orderer   2.4      1fec842b8f3e   5 days ago      37.2MB
hyperledger/fabric-orderer   2.4.0    1fec842b8f3e   5 days ago      37.2MB
hyperledger/fabric-orderer   latest   1fec842b8f3e   5 days ago      37.2MB
hyperledger/fabric-tools     2.3      2172e1e8ef5a   12 months ago   438MB
hyperledger/fabric-tools     2.3.0    2172e1e8ef5a   12 months ago   438MB
hyperledger/fabric-tools     latest   2172e1e8ef5a   12 months ago   438MB
hyperledger/fabric-peer      2.3      a572d898402a   12 months ago   56MB
hyperledger/fabric-peer      2.3.0    a572d898402a   12 months ago   56MB
hyperledger/fabric-orderer   2.3      0a77c2792890   12 months ago   39.2MB
hyperledger/fabric-orderer   2.3.0    0a77c2792890   12 months ago   39.2MB
hyperledger/fabric-ccenv     2.3      9432940881da   12 months ago   502MB
hyperledger/fabric-ccenv     2.3.0    9432940881da   12 months ago   502MB
hyperledger/fabric-ccenv     latest   9432940881da   12 months ago   502MB
hyperledger/fabric-baseos    2.3      4dbd6846872b   12 months ago   6.39MB
hyperledger/fabric-baseos    2.3.0    4dbd6846872b   12 months ago   6.39MB
hyperledger/fabric-baseos    latest   4dbd6846872b   12 months ago   6.39MB
hyperledger/fabric-ca        1.4      dbbc768aec79   14 months ago   158MB
hyperledger/fabric-ca        1.4.9    dbbc768aec79   14 months ago   158MB
hyperledger/fabric-ca        latest   dbbc768aec79   14 months ago   158MB
yang@yang:~/fabric/fabric-samples/test-network$ 
```

图 7-9　检查前置要求

（2）执行 network.sh 脚本。

进入 fabric-samples 下的 test-network 目录：

```
cd $HOME/fabric-samples/test-network    #fabric的测试目录
```

执行脚本，如图7-10 所示。

```
yang@yang:~/fabric/fabric-samples/test-network$ ./network.sh up

/home/yang/fabric/fabric-samples/test-network/../bin/cryptogen

+ cryptogen generate --config=./organizations/cryptogen/crypto-config-org1.yaml --output=organizations
org1.example.com
+ res=0

+ cryptogen generate --config=./organizations/cryptogen/crypto-config-org2.yaml --output=organizations
org2.example.com
+ res=0

+ cryptogen generate --config=./organizations/cryptogen/crypto-config-orderer.yaml --output=organizations
+ res=0

Creating network "fabric_test" with the default driver
Creating volume "docker_orderer.example.com" with default driver
Creating volume "docker_peer0.org1.example.com" with default driver
Creating volume "docker_peer0.org2.example.com" with default driver
Creating peer0.org2.example.com ... done
Creating peer0.org1.example.com ... done
Creating orderer.example.com    ... done
Creating cli                    ... done
CONTAINER ID   IMAGE                               COMMAND             CREATED          STATUS                  PORTS
                                                                                                   NAMES
cae2722ad4f0   hyperledger/fabric-tools:latest     "/bin/bash"         1 second ago     Up Less than a second
                                                                                                   cli
5e907500dd7c   hyperledger/fabric-orderer:latest   "orderer"           2 seconds ago    Up Less than a second   0.0.0.0:7050->7050/tcp, :::70
50->7050/tcp, 0.0.0.0:7053->7053/tcp, :::7053->7053/tcp, 0.0.0.0:9443->9443/tcp, :::9443->9443/tcp   orderer.example.com
73c64884113b   hyperledger/fabric-peer:latest      "peer node start"   2 seconds ago    Up Less than a second   0.0.0.0:7051->7051/tcp, :::70
51->7051/tcp, 0.0.0.0:9444->9444/tcp, :::9444->9444/tcp                                            peer0.org1.example.com
5cc111cfe20a   hyperledger/fabric-peer:latest      "peer node start"   2 seconds ago    Up Less than a second   0.0.0.0:9051->9051/tcp, :::90
51->9051/tcp, 7051/tcp, 0.0.0.0:9445->9445/tcp, :::9445->9445/tcp                                  peer0.org2.example.com
```

图 7-10　执行脚本

7. 配置通道 mychannel

使用命令 network.sh createChannel，默认创建名为 mychannel 的通道。

```
#network.sh createChannel
```

若出现 unknown long flag ‘--channelID’的错误，则需要在 test-network 文件夹下的 script 里修改 createChannel.sh 脚本文件，将原参数“- -channelID”改为“- -channel-id”，修改 createChannel.sh 脚本文件如图 7-11 所示。

```
39        set -x
40        osnadmin channel join --channel-id $CHANNEL_NAME --config-block ./channel-
  artifacts/${CHANNEL_NAME}.block -o localhost:7053 --ca-file "$ORDERER_CA" --client-cert
  "$ORDERER_ADMIN_TLS_SIGN_CERT" --client-key "$ORDERER_ADMIN_TLS_PRIVATE_KEY" >&log.txt
41        res=$?
```

图 7-11　修改 createChannel.sh 脚本文件

成功创建通道，如图 7-12 所示。

```
++ cat config_update.json
+ echo '{"payload":{"header":{"channel_header":{"channel_id":"mychannel", "type":2}},"data":{"config_update":{' '"c
"Application":' '{' '"groups":' '{' '"Org2MSP":' '{' '"groups":' '{},' '"mod_policy":' '"",' '"policies":' '{' '"Ad
t":' '{' '"mod_policy":' '"",' '"policy":' null, '"version":' '"0"' '},' '"Readers":' '{' '"mod_policy":' '"",' '"p
' null, '"version":' '"0"' '}' '},' '"values":' '{' '"MSP":' '{' '"mod_policy":' '"",' '"value":' null, '"version":
"values":' '{},' '"version":' '"0"' '}' '},' '"mod_policy":' '"",' '"policies":' '{},' '"values":' '{},' '"version"
Org2MSP":' '{' '"groups":' '{},' '"mod_policy":' '"Admins",' '"policies":' '{' '"Admins":' '{' '"mod_policy":' '"",
"policy":' null, '"version":' '"0"' '},' '"Readers":' '{' '"mod_policy":' '"",' '"policy":' null, '"version":' '"0"
},' '"values":' '{' '"AnchorPeers":' '{' '"mod_policy":' '"Admins",' '"value":' '{' '"anchor_peers":' '[' '{' '"hos
SP":' '{' '"mod_policy":' '"",' '"value":' null, '"version":' '"0"' '}' '},' '"version":' '"1"' '}' '},' '"mod_poli
cy":' '"",' '"policies":' '{},' '"values":' '{},' '"version":' '"0"' '}' '}}}}'
+ configtxlator proto_encode --input config_update_in_envelope.json --type common.Envelope
 Endorser and orderer connections initialized
 Successfully submitted channel update
Anchor peer set for org 'Org2MSP' on channel 'mychannel'
Channel 'mychannel' joined
```

图 7-12　成功创建通道

8. 下载 go 依赖

先修改 go proxy 为国内代理：

```
export Go111MODULE=on
go env -w GoPROXY=https://goproxy.cn,direct
```

检测是否切换成功，如图 7-13 所示。

```
go env
```

```
yang@yang:~/fabric/fabric-samples/test-network$ export GO111MODULE=on
yang@yang:~/fabric/fabric-samples/test-network$ go env -w GOPROXY=https:/
yang@yang:~/fabric/fabric-samples/test-network$ go env
GO111MODULE="on"
GOARCH="amd64"
GOBIN=""
GOCACHE="/home/yang/.cache/go-build"
GOENV="/home/yang/.config/go/env"
GOEXE=""
GOFLAGS=""
GOHOSTARCH="amd64"
GOHOSTOS="linux"
GOINSECURE=""
GOMODCACHE="/home/yang/go/pkg/mod"
GONOPROXY=""
GONOSUMDB=""
GOOS="linux"
GOPATH="/home/yang/go"
GOPRIVATE=""
GOPROXY="https://goproxy.cn,direct"
```

图 7-13　检测是否切换成功

进入链码所在路径，并下载 go 依赖，如图 7-14 所示。

```
#cd /go/src/github.com/hyperledger/fabric/scripts/fabric-samples/asset-transfer-basic/chaincode-go
go mod vendor
```

图 7-14　下载 go 依赖

9. 安装链码

回到测试网络路径，并执行如下命令，安装链码结果如图 7-15 所示。

```
#./network.sh deployCC -ccn basic -ccp ../asset-transfer-basic/chaincode-go -ccl go
```

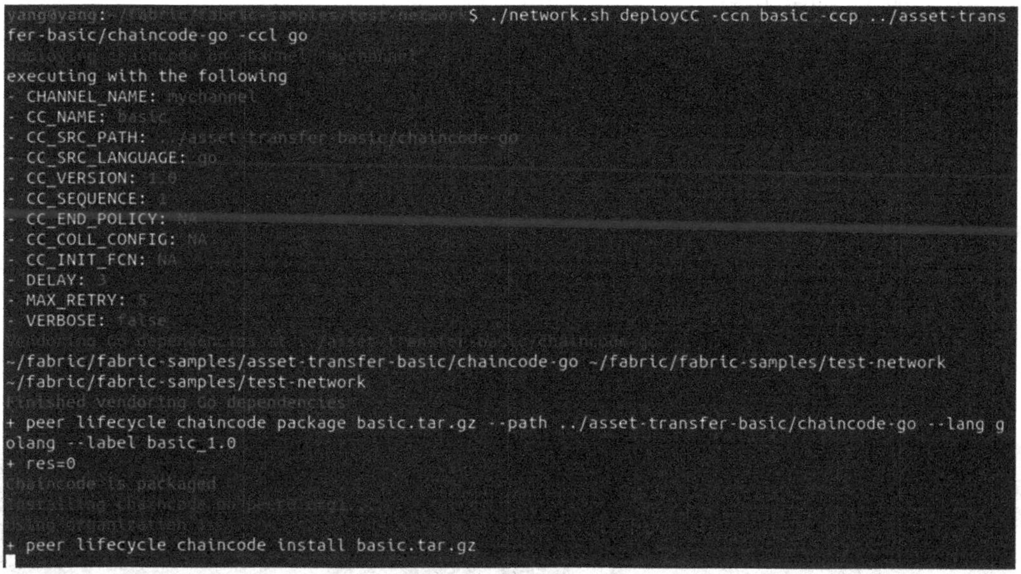

图 7-15　安装链码结果

10. 使用网络进行交互

进入测试网络目录 test-network。

（1）设置 CLI 的路径：

```
export PATH=${PWD}/../bin:$PATH
export FABRIC_CFG_PATH=$PWD/../config/
```

（2）为 org1 的环境变量进行交互：

```
export CORE_PEER_TLS_ENABLED=true
export CORE_PEER_LOCALMSPID="Org1MSP"
export CORE_PEER_TLS_ROOTCERT_FILE=${PWD}/organizations/peerOrganizations/org1.example.com/peers/peer0.org1.example.com/tls/ca.crt
export CORE_PEER_MSPCONFIGPATH=${PWD}/organizations/peerOrganizations/org1.example.com/users/Admin@org1.example.com/msp
export CORE_PEER_ADDRESS=localhost:7051
```

配置网络交互所需环境变量，如图 7-16 所示。

图 7-16 配置网络交互所需环境变量

初始化账本，代码如下：

```
peer chaincode invoke -o localhost:7050 --ordererTLSHostnameOverride orderer.example.com --tls --cafile "${PWD}/organizations/ordererOrganizations/example.com/orderers/orderer.example.com/msp/tlscacerts/tlsca.example.com-cert.pem" -C mychannel -n basic --peerAddresses localhost:7051 --tlsRootCertFiles "${PWD}/organizations/peerOrganizations/org1.example.com/peers/peer0.org1.example.com/tls/ca.crt" --peerAddresses localhost:9051 --tlsRootCertFiles "${PWD}/organizations/peerOrganizations/org2.example.com/peers/peer0.org2.example.com/tls/ca.crt" -c '{"function":"InitLedger","Args":[]}'
```

初始化账本成功结果如图 7-17 所示。

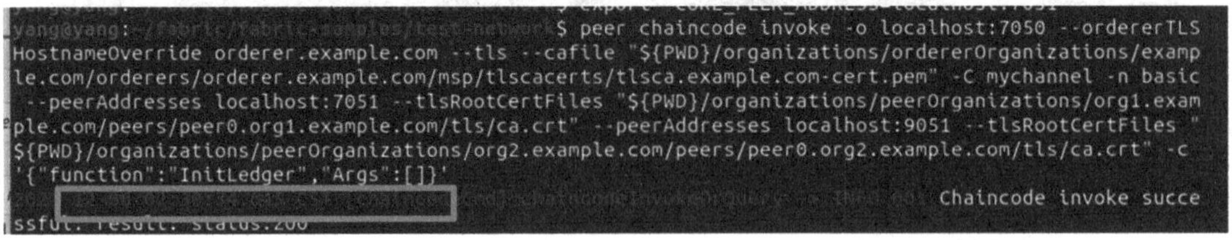

图 7-17 初始化账本成功

②使用如下命令查找账本：

```
peer chaincode query -C mychannel -n basic -c '{"Args":["GetAllAssets"]}'
```

查询账本返回结果如图 7-18 所示。

```
yang@yang:~/fabric/fabric-samples/test-network$ peer chaincode query -C mychannel -n basic -c '{"Arg
s":["GetAllAssets"]}'
[{"AppraisedValue":300,"Color":"blue","ID":"asset1","Owner":"Tomoko","Size":5},{"AppraisedValue":400
,"Color":"red","ID":"asset2","Owner":"Brad","Size":5},{"AppraisedValue":500,"Color":"green","ID":"as
set3","Owner":"Jin Soo","Size":10},{"AppraisedValue":600,"Color":"yellow","ID":"asset4","Owner":"Max
","Size":10},{"AppraisedValue":700,"Color":"black","ID":"asset5","Owner":"Adriana","Size":15},{"Appr
aisedValue":800,"Color":"white","ID":"asset6","Owner":"Michel","Size":15}]
```

图 7-18　查询账本返回结果

③使用命令改变一笔资产的所有者。

```
peer chaincode invoke -o localhost:7050 --ordererTLSHostnameOverride orderer.example.com --tls --cafile "${PWD}/organizations/ordererOrganizations/example.com/orderers/orderer.example.com/msp/tlscacerts/tlsca.example.com-cert.pem" -C mychannel -n basic --peerAddresses localhost:7051 --tlsRootCertFiles "${PWD}/organizations/peerOrganizations/org1.example.com/peers/peer0.org1.example.com/tls/ca.crt" --peerAddresses localhost:9051 --tlsRootCertFiles "${PWD}/organizations/peerOrganizations/org2.example.com/peers/peer0.org2.example.com/tls/ca.crt" -c '{"function":"TransferAsset","Args":["asset6","Christopher"]}'
```

资产变更成功如图 7-19 所示。

```
yang@yang:~/fabric/fabric-samples/test-network$ peer chaincode invoke -o localhost:7050 --ordererTLS
HostnameOverride orderer.example.com --tls --cafile "${PWD}/organizations/ordererOrganizations/examp
le.com/orderers/orderer.example.com/msp/tlscacerts/tlsca.example.com-cert.pem" -C mychannel -n basic
 --peerAddresses localhost:7051 --tlsRootCertFiles "${PWD}/organizations/peerOrganizations/org1.exam
ple.com/peers/peer0.org1.example.com/tls/ca.crt" --peerAddresses localhost:9051 --tlsRootCertFiles "
${PWD}/organizations/peerOrganizations/org2.example.com/peers/peer0.org2.example.com/tls/ca.crt" -c
'{"function":"TransferAsset","Args":["asset6","Christopher"]}'
                                                                       Chaincode invoke succe
ssful. result: status:200
```

图 7-19　资产变更成功

（3）更换成 org2 的环境变量。

```
export CORE_PEER_TLS_ENABLED=true
export CORE_PEER_LOCALMSPID="Org2MSP"
export CORE_PEER_TLS_ROOTCERT_FILE=${PWD}/organizations/peerOrganizations/org2.example.com/peers/peer0.org2.example.com/tls/ca.crt
export CORE_PEER_MSPCONFIGPATH=${PWD}/organizations/peerOrganizations/org2.example.com/users/Admin@org2.example.com/msp
export CORE_PEER_ADDRESS=localhost:9051
```

查询账本：

```
peer chaincode query -C mychannel -n basic -c '{"Args":["ReadAsset","asset6"]}'
```

更改成 org2 的环境变量且查询账本成功后返回结果如图 7-20 所示。

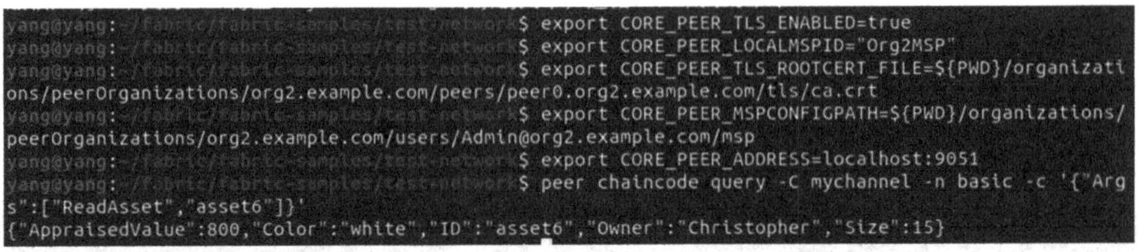

图 7-20 更改成 org2 的环境变量且查询账本成功返回结果

关闭测试网络：

./network.sh down

任务评价

填写任务评价表，如表 7-10 所示。

表 7-10 任务评价表

工作任务清单	完成情况
学习 FISCO BCOS 管理工具	
学习 Hyperledger Fabric 管理工具	
搭建 Fabric 基本环境	

任务拓展

【拓展训练 7-1】Fabric 网络的基本环境搭建完成后，我们还需要进行项目结构分析，来进一步地明白 Fabric 框架。请利用已有知识和搭建的感悟，对 fabric-samples 项目进行结构分析。

任务 7.2 配置区块链日志

任务情景

【任务场景】

区块链是由很多节点组成的，这些节点的身份不尽相同，我们需要配置相关日志功能，来收集节点运行时的状态和错误，使开发人员能够对区块链进行更好的维护。

【任务布置】

（1）学习 FISCO BCOS 日志管理与配置方法。
（2）学习 Hyperledger Fabric 日志管理与配置方法。
（3）配置日志功能并进行测试。

知识准备

7.2.1 FISCO BCOS 日志管理与配置方法

FISCO BCOS 的节点日志都输出在 log 目录下,文件格式如下:

```
log_%YYYY%mm%dd%HH.%MM
```

FISCO BCOS 已为具体日志信息定制了格式,目的在于方便用户通过日志查看各群组状态,每一条日志记录格式如下:

```
# 日志格式:
log_level|time|[g:group_id][module_name] content
# 日志示例:
info|2019-06-26 16:37:08.253147|[g:3][CONSENSUS][PBFT]
^^^^^^^Report,num=0,sealerIdx=0,hash=a4e10062...,next=1,tx=0,nodeIdx=2
```

各字段描述如表 7-11 所示。

表 7-11 日志输出格式各字段描述

字段名称	描述
log_level	日志级别,主要包括 trace、debug、info、warning、error 和 fatal,其中在发生极其严重错误时会输出 fatal
time	日志输出时间,精确到纳秒
group_id	输出日志记录的群组 ID
module_name	模块关键字,如同步模块关键字为 SYNC,共识模块关键字为 CONSENSUS
content	日志记录内容

1. 常见日志说明

1)共识打包日志

可以通过如下命令查看指定群组共识打包日志:

```
tail -f log/* | grep "${group_id}.*++"
```

共识打包示例:

```
info|2019-06-26 18:00:02.551399|[g:2][CONSENSUS][SEALER]+
++++++++++++++ Generating seal on,blkNum=1,tx=0,nodeIdx=3,hash=1f9c2b14...
```

共识打包日志中各字段描述如表 7-12 所示。

表 7-12 共识打包日志中各字段描述

字段名称	描述
blkNum:	打包区块的高度

(续表)

字段名称	描述
tx:	打包区块中包含的交易数
nodeIdx:	当前共识节点的索引
hash:	打包区块的哈希值

2）共识异常日志

网络抖动、网络断连或配置出错（如同一个群组的创世块文件不一致）均有可能导致节点共识异常，PBFT 共识节点会输出 ViewChangeWarning 日志，示例如下：

```
warning|2019-06-26 18:00:06.154102|[g:1][CONSENSUS][PBFT]
ViewChang
eWarning: not caused by omit empty block ,v=5,toV=6,curNum=715,hash
=ed6e856d...,nodeIdx=3,myNode=e39000ea...
```

共识异常日志中各字段描述如表 7-13 所示。

表 7-13 共识异常日志中各字段描述

字段名称	描述
v	当前节点 PBFT 共识视图
toV	当前节点试图切换到的视图
curNum	节点最高区块块高
hash	节点最高块哈希值
nodeIdx	当前共识节点索引
myNode	当前节点 Node ID

3）区块落盘日志

区块共识成功或节点正在从其他节点同步区块，均会输出落盘日志。通过如下命令可以查看指定区块落盘日志信息：

```
tail -f log/* | grep "${group_id}.*Report"
```

区块落盘日志示例：

```
info|2019-06-26 18:00:07.802027|[g:1][CONSENSUS][PBFT]^^^^^^^^Repo
rt,num=716,sealerIdx=2,hash=dfd75e06...,next=717,tx=8,nodeIdx=3
```

区块落盘日志中各字段描述如表 7-14 所示。

表 7-14 区块落盘日志中各字段描述

字段名称	描述
num	落盘区块块高
sealerIdx	打包该区块的共识节点索引
hash	落盘区块哈希值

(续表)

字段名称	描 述
Next	下一个区块块高
tx	落盘区块中包含的交易数
nodeIdx	当前共识节点索引

4）网络连接日志

通过如下命令可以查看网络连接日志：

`tail -f log/* | grep "connected count"`

网络连接日志示例：

`info|2019-06-26 18:00:01.343480|[P2P][Service] heartBeat,connected count=3`

其中字段含义如下：

connected count：与当前节点建立 P2P 网络连接的节点数。

2. 日志配置

在 FISCO BCOS 的配置文件 config.ini 的[log]位置配置日志相关选项，具体如下：

①enable：启用/禁用日志，设置为 true 表示启用日志，设置为 false 表示禁用日志，默认为 true。性能测试时可将该选项设置为 false，降低打印日志对测试结果的影响。

②log_path：日志文件路径。

③level：日志级别，包括 trace、debug、info、warning、error 五种日志级别。设置某种日志级别后，日志文件中会输出大于等于该级别的日志，日志级别从大到小排序 error > warning > info > debug > trace。

④max_log_file_size：每个日志文件的最大容量，单位为 MB，默认为 200MB。

⑤flush：设置为 boostlog 则默认开启日志自动刷新，若需提升系统性能，建议将该选项设置为 false。

【课堂训练 7-3】FISCO BCOS 的常见日志有哪些类型？

7.2.2 Hyperledger Fabric 日志管理与配置方法

Hyperledger Fabric 日志管理是通过 peer 和 orderer 工具命令实现的，借助了 Go 语言的 common/flogging 包依赖实现。这个包支持的功能如下：

①根据严重等级进行日志控制。

②基于软件记录器生成消息的日志控制。

③根据消息的严重性提供不同的打印选项。

Hyperledger Fabric 的日志信息（包括所有严重等级的日志）对用户和开发人员都开放，目前还没有针对每个严重级别提供的信息类型的正式规则。

Hyperledger Fabric 的日志等级包括 DEBUG（调试）、INFO（正常输出）、WARNING（警告）、ERROR（错误）等。如图 7-21 所示为系统日志的示例。

```
2018-11-01 15:32:38.268 UTC [ledgermgmt] initialize -> INFO 002 Initializing ledger mgmt
2018-11-01 15:32:38.268 UTC [kvledger] NewProvider -> INFO 003 Initializing ledger provider
2018-11-01 15:32:38.342 UTC [kvledger] NewProvider -> INFO 004 ledger provider Initialized
2018-11-01 15:32:38.357 UTC [ledgermgmt] initialize -> INFO 005 ledger mgmt initialized
2018-11-01 15:32:38.357 UTC [peer] func1 -> INFO 006 Auto-detected peer address: 172.24.0.3
2018-11-01 15:32:38.357 UTC [peer] func1 -> INFO 007 Returning peer0.org1.example.com:7051
```

图 7-21　系统日志示例

1. 日志规格

在使用 peer 和 orderer 工具命令时可以通过全局变量 FABRIC_LOGGING_SPEC 修改日志的规格，完整的日志规格的格式如下：

[<logger>[,<logger>...]=]<level>[:[<logger>[,<logger>...]

日志严重等级是从如下不区分大小写的字符串中指定的：

FATAL | PANIC | ERROR | WARNING | INFO | DEBUG

以下为配置 FABRIC_LOGGING_SPEC 全局变量可以使用的规格示例和解释：

```
info                                              - Set default to INFO
warning:msp,gossip=warning:chaincode=info         - Default WARNING; Override for msp, gossip, and chaincode
chaincode=info:msp,gossip=warning:warning         - Same as above
```

2. 日志格式

在 Hyperledger Fabric 中 peer 和 orderer 工具命令输出的日志格式是通过全局变量 FABRIC_LOGGING_FORMAT 配置的。日志格式可以设置成如下内容：

```
"%{color}%{time:2021-01-02 15:04:05.000 MST} [%{module}] %{shortfunc} -> %{level:.4s} %{id:03x}%{color:reset} %{message}"
```

3. 智能合约 Chaincode

由于智能合约在 Fabric 网络中以单独的容器存在，对于容器的日志管理也至关重要。与 peer 和 orderer 工具命令不同，Chaincode 容器的日志由开发人员单独负责。一般地，可以通过 docker logs 命令查看 Chaincode 日志信息。

4. 日志查看与管理

一般地，Fabric 网络为基于 docker 技术的容器集群，查看网络成员包括 peer 节点、orderer 节点及智能合约，可以通过 docker 提供的日志追溯工具实现，具体命令如下：

```
docker logs [container_id]
```

【课堂训练 7-4】在 Hyperledger Fabric 中，想收集 peer 节点的日志，应如何编辑相关代码和命令进行测试呢？

任务实施

7.2.3 配置日志功能

1. FISCO BCOS 部分日志功能的配置

1）通用日志配置

配置示例如下：

```
[log]
    ; 是否启用日志，默认为true
    enable=true
    log_path=./log
    level=info
    ; 每个日志文件的最大容量，默认为200MB
    max_log_file_size=200
    flush=true
```

2）统计日志配置

（1）配置统计日志开关。考虑到并非所有场景都需要网络流量和 Gas 统计功能，FISCO BCOS 在 config.ini 中提供了 enable_statistic 选项来开启和关闭该功能，默认关闭该功能。配置成 true，开启网络流量和 Gas 统计功能；配置成 false，关闭网络流量和 Gas 统计功能。

配置示例如下：

```
[log]
    ; enable/disable the statistics function
    enable_statistic=false
```

（2）配置网络统计日志输出间隔。由于网络统计日志是周期性输出的，因此引入了 log.stat_flush_interval 选项来控制统计间隔和日志输出频率，单位是秒，默认为 60 秒。配置示例如下：

```
[log]
    ; network statistics interval, unit is second, default is 60s
    stat_flush_interval=60
```

2. Hyperledger Fabric 相关日志功能的使用

1）查看节点加入的通道

在之前的学习中，我们已经了解可以通过 peer 命令创建 Channel，当输入 peer channel list 命令时，可以通过返回的日志确定当前状态信息，示例如下：

```
peer channel list
2021-01-29 21:58:03.040 CST [channelCmd] InitCmdFactory ->INFO 001 Endorser and orderer connections initialized
```

```
Channels peers has joined:
Mychannel
```

通过输出的信息，就可快速判断当前节点已加入 MyChannel 通道。

2）更新配置区块信息

通过 peer channel update 命令可以更新指定 Channel 的配置区块信息，当执行相关操作时可以观察返回日志，确定操作是否成功，示例如下：

```
export CHANNEL_NAME=mychannel
peer channel update -o orderer.example.com:7050 --ordererTLSHostn ameOverride orderer.example.com -c $CHANNEL_NAME -f ${CORE_PEER_ LOCALMSPID} anchors.tx --tls --cafile "$ORDERER_CA"
  2021-02-11 09:13:25.308 UTC [channelCmd] update -> INFO 002 Successfully submitted channel update
```

通过观察返回日志可快速确定指定 Channel 配置区块信息已更新成功。

3）安装智能合约（Chaincode）

通过 peer lifecycle chaincode install 命令可以快速安装智能合约，通过查看返回日志可以确定安装是否成功，示例如下：

```
export CC_NAME=basic
peer lifecycle chaincode install ${CC_NAME}.tar.gz
```

在执行命令的同时，打开另一个终端查看节点容器的日志内容，确定链码已安装成功，具体如下：

```
docker logs -f peer0.org1.example.com
......
  2021-01-30 12:18:49.064 UTC [lifecycle] InstallChaincode -> INFO 052 Successfully installed chaincode with package ID 'basic_1.0:4ec191e793b27e953ff2ede5a8bcc63152cecb1e4c3f301a26e22692c61967ad'
  2021-01-30 12:18:49.065 UTC [endorser] callChaincode -> INFO 053 finished chaincode: _lifecycle duration: 6291ms channel= txID=f2e27a36
  2021-01-30 12:18:49.065 UTC [comm.grpc.server] 1 -> INFO 054 unary call completed grpc.service=protos.Endorser grpc.method=ProcessProposal grpc.peer_address= 192.168.16.1:58014 grpc.code=OK grpc.call_duration=6.309174767s
```

任务评价

填写任务评价表，如表 7-15 所示。

表 7-15 任务评价表

工作任务清单	完成情况
学习 FISCO BCOS 日志管理与配置方法	
学习 Hyperledger Fabric 日志管理与配置方法	
配置日志功能并进行测试	

任务拓展

【拓展训练 7-2】输出各种日志功能,并对返回信息进行理解。

任务 7.3　设置区块链访问权限

任务情景

【任务场景】

在区块链中,安全是非常重要的,我们为不同的角色设置不同的权限来保障区块链网络各部分的安全,那么,如何进行权限配置操作呢?

【任务布置】

(1)学习 FISCO BCOS 权限配置方法。
(2)学习 Hyperledger Fabric 权限配置方法。
(3)进行权限配置操作。

知识准备

7.3.1　FISCO BCOS 权限配置方法

在之前的学习中,我们已经学习了通过 Console 控制台操作 FISCO BCOS 区块链网络。FISCO BCOS 权限配置也可以基于 Console 控制台实现。

1)角色

FISCO BCOS 的角色有治理方、运维方、业务方和监管方。考虑到权责分离的原则,治理方、运维方和开发方必须权责分离,角色互斥。

治理方:拥有投票权,可以参与治理投票(AUTH_ASSIGN_AUTH),可以增删节点、修改链配置、添加撤销运维、冻结/解冻合约、对用户表的写权限控制。

运维方:由治理方添加运维账号,运维账号可以部署合约、创建表、管理合约版本、冻结/解冻本账号部署的合约。

业务方:业务方账号由运维方添加到某个合约中,业务方可以调用该合约的写接口。

监管方:监管方负责监管链的运行,能够获取链运行中权限变更的记录、能够获取需要审计的数据。

2)权限

FISCO BCOS 将治理账号命名为委员,如图 7-22 所示为其权限概览。

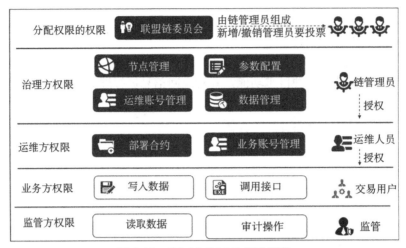

图 7-22 FISCO BCOS 权限概览

【课堂训练 7-5】请简述 FISCO BCOS 权限的组成。

7.3.2 Hyperledger Fabric 权限配置方法

Hyperledger Fabric 使用访问控制列表（Access Control Lists，ACL）通过将策略与资源关联对资源的访问进行管理。在 Fabric 网络中，资源就是类似于用户或系统的智能合约或业务触发的事件，策略就是访问这些资源的方式与方法。

在之前的 7.1 学习单元中，我们已经学习了通过手动方式部署一个名为 mychannel 的通道，在配置时使用了一个名为 configtx.yaml 的文件，通过此文件可以配置不同通道的访问策略，并在通道创建之初将配置文件存于初始区块中。

在 Fabric 网络中，可以构造以下两种策略：一种是签名（Signature）策略，另一种是隐式元（ImplicitMeta）策略。

1. 签名（Signature）策略

这种策略标识必须通过签名才能满足策略的特定用户，示例如下：

```
Policies:
  MyPolicy:
    Type: Signature
    Rule: "OR('Org1.peer', 'Org2.peer')"
```

这个策略可以解释为：一个名为 MyPolicy 的策略只能被具有 Org1 或 Org2 组织标识的节点满足。签名策略支持 AND、OR 和 NOutOf 的任意组合，允许构建非常健全的规则。

2. 隐式元（ImplicitMeta）策略

隐式元策略是对签名策略在结构层次上更深的整合。相对于签名策略，隐式元策略支持更多的语法，如 ALL、ANY、MAJORITY。例如，定义了一个签名策略，那么隐式元策略就可以基于这个签名策略做更深层次的整合，如加上 ALL、ANY 或 MAJORITY，示例如下：

```
<ALL|ANY|MAJORITY> <sub_policy>
```

需要注意的是,在隐式元策略中已经有了默认配置,具体如下:

①Admins:具有可执行操作的管理员权限角色,指定策略是 Admins 或 Admins 的子集,就可以通过此策略访问区块链网络中的敏感资源或操作(如在通道上实例化链码)。

②Writers:使用此类配置的策略可以更新账本,如执行一个交易,但是此类策略将没有特定的管理员权限。

③Readers:是一个被动响应的角色,使用此配置的策略只能对获取的信息作读取但是没有权限修改账本。

以下为一个隐式元策略的结构示例:

```
Policies:
  AnotherPolicy:
    Type: ImplicitMeta
    Rule: "MAJORITY Admins"
```

这个 AnotherPolicy 的策略被定义为适配大多数具有 Admins 签名的策略。

【课堂训练7-6】请简述 Fabric 网络 ACL 的两种策略,以及它们之间的关系。

任务实施

7.3.3 权限配置操作

1. 使用 FISCO BCOS 进行权限配置操作

1)创建账号

在命令行阶段,控制台提供账号生成脚本 get_account.sh,生成的账号文件在 accounts 目录下。使用 get_account.sh 创建账号的命令如下:

```
./get_account.sh
[INFO] Account Address   : 0xcbef7487703d4b9239cb22816196b
ec54476cbba
[INFO] Private Key (pem) : accounts/0xcbef7487703d4b9239cb22816196bec54476
cbba.pem
[INFO] Public  Key (pem) : accounts/0xcbef7487703d4b9239cb22816196bec54476
cbba.public.pem
```

通过上述命令在 accouts 目录下创建了一个新的账号,地址为 0xcbef7487703d4b9239cb22816196bec54476cbba。

使用 start.sh 脚本工具配置选项可指定通过不同的账号登录控制台,操作如下:

```
./start.sh 1 -pem accounts/0xcbef7487703d4b9239cb22816196bec54476cbba.pem
```

接着,在控制台根目录下通过 get_account.sh 脚本生成 3 个 PEM 格式的账号,文件如下:

```
# 账号1
0x61d88abf7ce4a7f8479cff9cc1422bef2dac9b9a.pem
# 账号2
0x85961172229aec21694d742a5bd577bedffcfec3.pem
# 账号3
0x0b6f526d797425540ea70becd7adac7d50f4a7c0.pem
```

打开 3 个连接 Linux 的终端，分别以 3 个账号登录控制台。指定账号 1 登录控制台，命令如下：

```
./start.sh 1 -pem accounts/0x61d88abf7ce4a7f8479cff9cc1422bef2dac9b9a.pem
```

指定账号 2 登录控制台，命令如下：

```
./start.sh 1 -pem accounts/0x85961172229aec21694d742a5bd577bedffcfec3.pem
```

指定账号 3 登录控制台，命令如下：

```
./start.sh 1 -pem accounts/0x0b6f526d797425540ea70becd7adac7d50f4a7c0.pem
```

2）委员的新增、撤销与查询

添加账号 1、账号 2 为委员，账号 3 为普通用户。在链初始状态，没有任何权限账号记录。使用 Console 控制台添加委员，操作如下：

```
[group:1]> grantCommitteeMember 0x61d88abf7ce4a7f8479cff9cc1422bef2dac9b9a
{
    "code":0,
    "msg":"success"
}
```

使用账号 1 添加账号 2 为委员。新增委员需要链治理委员会投票，有效票大于阈值才可以生效。此处由于只有账号 1 是委员，所以账号 1 投票即可生效，操作如下：

```
[group:1]> grantCommitteeMember 0x85961172229aec21694d742a5bd577bedffcfec3

{
    "code":0,
    "msg":"success"
}
```

验证账号 3 无权限执行委员操作，在账号 3 的控制台中操作内容如下：

```
[group:1]> setSystemConfigByKey tx_count_limit 100
{
    "code":-50000,
    "msg":"permission denied"
}
```

撤销账号 2 的委员权限。此时系统中有两个委员，默认投票生效阈值为 50%，所以需要两个委员都投票撤销账号 2 的委员权限，有效票/总票数=2/2=1>0.5 才满足条件。账号 1 投票撤销账号 2 的委员权限，具体操作如下：

```
[group:1]> revokeCommitteeMember 0x85961172229aec21694d742a5bd577bedffcfec3
{
    "code":0,
    "msg":"success"
}
```

账号 2 投票撤销账号 2 的委员权限：

```
[group:1]> revokeCommitteeMember 0x85961172229aec21694d742a5bd577bedffcfec3
{
    "code":0,
    "msg":"success"
}
```

修改委员权重，通过修改委员权重从而修改委员在区块链中的地位。先添加账号 1、账号 3 为委员，然后更新委员 1 的票数为 2，具体操作如下：

使用账号 1 的控制台添加账号 3 为委员：

```
[group:1]> grantCommitteeMember 0x0b6f526d797425540ea70becd7adac7d50f4a7c0
{
    "code":0,
    "msg":"success"
}
```

使用账号 1 的控制台投票更新账号 1 的票数为 2：

```
[group:1]> updateCommitteeMemberWeight  0x61d88abf7ce4a7f8479cff9cc1422bef2dac9b9a 2
{
    "code":0,
    "msg":"success"
}
[group:1]> queryCommitteeMemberWeight 0x61d88abf7ce4a7f8479cff9cc1422bef2dac9b9a Weight: 2
Account: 0x61d88abf7ce4a7f8479cff9cc1422bef2dac9b9a Weight: 1
```

使用账号 3 的控制台投票更新账号 1 的票数为 2：

```
[group:1]> updateCommitteeMemberWeight  0x61d88abf7ce4a7f8479cff9cc1422bef2dac9b9a 2
{
    "code":0,
    "msg":"success"
}
[group:1]> queryCommitteeMemberWeight 0x61d88abf7ce4a7f8479cff9cc1422bef2
```

dac9b9a
　　Account: 0x61d88abf7ce4a7f8479cff9cc1422bef2dac9b9a Weight: 2

3）委员投票生效阈值修改

账号 1 和账号 3 为委员，账号 1 有 2 票，账号 3 有 1 票，使用账号 1 添加账号 2 为委员，由于 2/3>0.5 所以直接生效。使用账号 1 和账号 2 更新生效阈值为 75%。

使用账号 1 的控制台添加账号 2 为委员，操作如下：

```
[group:1]> grantCommitteeMember 0x85961172229aec21694d742a5bd577bedffcfec3
{
    "code":0,
    "msg":"success"
}
```

使用账号 1 的控制台投票更新生效阈值为 75%，操作如下：

```
[group:1]> updateThreshold 75
{
    "code":0,
    "msg":"success"
}
```

```
[group:1]> queryThreshold
Effective threshold : 50%
```

使用账号 2 的控制台投票更新生效阈值为 75%，操作如下：

```
[group:1]> updateThreshold 75
{
    "code":0,
    "msg":"success"
}
```

```
[group:1]> queryThreshold
Effective threshold : 75%
```

4）运维角色新增、撤销与查询

委员可以操作运维角色的权限。首先，添加运维角色，命令如下：

```
[group:1]> grantOperator 0x283f5b859e34f7fd2cf136c07579dcc72423b1b2
{
    "code":0,
    "msg":"success"
}
```

撤销运维角色，命令如下：

```
[group:1]> revokeOperator 0x283f5b859e34f7fd2cf136c07579dcc72423b1b2
```

```
{
    "code":0,
    "msg":"success"
}
```

2. 更新配置文件的 ACL 信息

在 configtx.yaml 文件中已经使用了默认 ACL 配置定义整个网络的权限系统,以下内容为默认策略:

```
Application: &ApplicationDefaults
    Policies:
        Readers:
            Type: ImplicitMeta
            Rule: "ANY Readers"
        Writers:
            Type: ImplicitMeta
            Rule: "ANY Writers"
        Admins:
            Type: ImplicitMeta
            Rule: "MAJORITY Admins"
        LifecycleEndorsement:
            Type: ImplicitMeta
            Rule: "MAJORITY Endorsement"
        Endorsement:
            Type: ImplicitMeta
            Rule: "MAJORITY Endorsement"
```

一般地,在通道创建配置中会使用基于 ACL 的配置内容,默认配置如下:

```
Profiles:
    TwoOrgsApplicationGenesis:
        <<: *ChannelDefaults
        Orderer:
            <<: *OrdererDefaults
            Organizations:
                - *OrdererOrg
            Capabilities:
                <<: *OrdererCapabilities
        Application:
            <<: *ApplicationDefaults
            Organizations:
                - *Org1
                - *Org2
```

```
        Capabilities:
                <<: *ApplicationCapabilities
```

其中,加粗内容即使用策略的地方。适当修改策略的内容可以有效实现业务需求,例如,定义了一个策略名为 MyPolicy,需要在通道创建时将 event/Block 的默认策略改为使用 MyPolicy,那么可以修改为如下内容:

```
......
Application:
        <<: *ApplicationDefaults
ACLs:
        <<: *ACLsDefault
        event/Block: /Channel/Application/MyPolicy
```

任务评价

填写任务评价表,如表 7-16 所示。

表 7-16 任务评价表

工作任务清单	完成情况
学习 FISCO BCOS 权限配置的基本知识	
学习 Hyperledger Fabric 权限配置的基本知识	
进行权限配置操作	

任务拓展

【拓展训练 7-3】重构 Fabric 网络成员组成,并对不同成员进行权限配置。

归纳总结

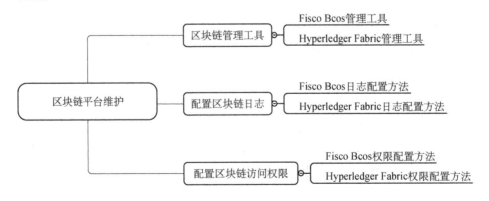

测试习题

一、填空题

1. 在 FISCO BCOS 中，可以使用控制台中的 Console 工具调用各种功能，其中部署合约命令 deploy 的默认目录为_____。

2. 在 FISCO BCOS 中，调用智能合约的命令为 call，参数包括：_____、_____、_____、_____。

3. 在 Hyperledger Fabric 中创建秘钥相关内容的工具是_____；允许用户创建和检查通道的工具是_____；将 protobuf 格式与 JSON 格式互相转换的工具是_____。

4. FISCO BCOS 的常见日志类型有：_____、_____、_____、_____。

5. 在 Hyperledger Fabric 中 Chaincode 容器的日志是由_____单独负责的。

二、单项选择题

1. 在 FISCO BCOS 权限配置中，新增委员的命令是（   ）。
   A. grantCommitteeMember
   B. revokeCommitteeMember
   C. updateCommitteeMemberWeight

2. 在 Hyperledger Fabric 权限配置中，使用 Signature policy 结构进行指定的是（   ）。
   A. ImplicitMeta
   B. Instantiation Policy
   C. Endorsement Policy

3. 在 Hyperledger Fabric 的 peer 命令中，查询已安装的 Chaincode 的子命令是（   ）。
   A. peer lifecycle chaincode approveformyorg
   B. peer lifecycle chaincode queryaprroved
   C. peer lifecycle chaincode queryinstalled

三、多项选择题

1. FISCO BCOS 权限由哪些角色组成？（   ）
   A. 运维方   B. 治理方
   C. 监管方   D. 业务方

2. Hyperledger Fabric 的 ACL 里默认角色有（   ）。
   A. Writers   B. Admins
   C. Readers   D. peer

技能训练

1. 使用 FISCO BCOS 控制台创建 5 个新的账号,通过赋予权限使各账号担任不同角色,并进行各类角色相关的权限配置操作。

2. 修改配置文件 config.ini 里的 flow_control 模块,开启流量控制功能。

单元 8　区块链平台监控

学习目标

通过本单元的学习，使学生能够掌握 FISCO BCOS 浏览器和 Hyperledger Fabric 浏览器的内容与操作，具备浏览器调试与监控区块链的能力。

任务 8.1　使用区块链监控工具

任务情景

【任务场景】

你是否考虑过用其他的方法将区块链的所有情况一览无余？通过一个界面就可以将庞大的区块链掌握在自己手中。本章将带大家了解如何使用区块链监控工具。

【任务布置】

（1）学习区块链浏览器的基本概念。
（2）配置 FISCO BCOS 区块链浏览器。
（3）Hyperledger Fabric 监控工具的安装与使用。

知识准备

8.1.1　区块链浏览器概念

区块链浏览器是旨在帮助用户浏览、查询区块链所有信息的工具。除了一般的交易者身份，此处的用户还包括开发者、DApps 使用者、矿工及其他想要了解区块链的用户。区块链浏览器为区块链的各种信息，包括区块、每一笔交易、钱包、交易地址等各种信息提供了一个可视化窗口。区块链浏览器通常需要包含主链信息、区块信息、交易信息、合约信息、地址信息，以及其他各个区块链特色的数据信息。

1. 主链信息（Chain Info）

主链信息一般是该区块链的总体概述，常放在浏览器页面首页，旨在帮助用户快速了解该区块链的基本运行状况。除了该区块链的代币价格、交易量、手续费及市值等常见基本信息，部分浏览器还会显示该区块链的特有信息，如 Filecoin 的浏览器 Filscan 还会显示当前扇区的质押量、每 32GB 扇区新增算力成本等信息。

2. 区块信息（Blocks Info）

区块信息是指该区块链的区块维度信息，通常包括区块列表、最新区块信息、验证人或矿工信息等。通过单击某一个区块，用户可以查看具体的区块高度、时间戳、交易数量、难度、容量、燃料费用哈希值等信息。

3. 交易信息（Transaction Info）

交易信息包括最新交易列表、某一区块交易列表及某一交易详情信息等。用户可以追踪到该区块链上的具体交易数量，并查询交易双方的一些基本信息。例如，单击进入其中一笔交易明细时，可以看到该交易的哈希值、交易是否成功、所在的区块、是否已得到区块确认，以及发送和接收方的地址信息等。另外，用户也可以通过哈希值去搜索查看特定的某一笔交易详情。

4. 合约信息（Contract Info）

合约信息一般指代涉及智能合约的相关信息展示，通常包含合约列表及合约详情页面。在合约详情页面中，除了合约名称、创建者、合约余额、交易情况及合约代码等基本信息，用户还可以查询到余额变化走势、通证交易、事件等具体数据信息。

5. 地址信息（Address Info）

类似传统金融的银行账号和账号名称，地址信息给予了用户在某个区块链中的"账号"概念。在地址详情页面，用户可以查询到该地址的代币余额、代币总值、过往交易历史信息。通过交易哈希值、区块等信息还可以追踪溯源到该地址每一笔交易所在的区块位置、发生时间、交易状态等更多的交易详情。

8.1.2 配置区块链浏览器

1. 前提条件

表 8-1 列出了环境配置需求，推荐使用 CentOS 7.2+、Ubuntu 16.04 及以上版本进行安装，需要提前安装 FISCO BCOS 区块链网络。

表 8.1 环境配置需求表

环　境	版　本
Java	JDK8 或以上版本
Mariadb 或 MySQL	MySQL5.6 或以上版本
Python	Python3.6 或以上版本
PyMySQL	使用 Python3 时需安装
openssl, curl, wget, git, nginx, dos2unix	一键部署脚本将自动安装

(1) 检查 Java 版本。推荐 JDK8~JDK13 版本，使用 OracleJDK 安装指引。

```
java -version
```
注意：不要用 sudo 执行安装脚本

(2) 检查 MySQL。推荐 MySQL5.6 或以上版本。

```
mysql --version
```
注意：不要用 sudo 执行安装脚本

(3) 检查 Python。推荐 Python3.6 或以上版本。

```
python3 --version
```
注意：不要用 sudo 执行安装脚本

(4) 安装 PyMySQL。

在 CentOS 下安装 PyMysql 依赖包：

```
sudo yum -y install python36-pip
sudo pip3 install PyMySQL
```

在 Ubuntu 下安装 PyMysql 依赖包：

```
sudo apt-get install -y python3-pip
sudo pip3 install PyMySQL
```

CentOS 或 Ubuntu 不支持 pip 命令的话，可以使用以下方式：

```
git clone https://github.com/PyMySQL/PyMySQL
  cd PyMySQL/
  python3 setup.py install
```

2. 安装环境配置（如果前面版本检测时显示存在，请跳过此部分）

(1) 更新本地软件包。

```
$ sudo apt update
```

(2) Java 安装。Java8 是当前的长期支持版本，并且仍然受到广泛支持，但公共维护在 2019 年 1 月已结束。安装 OpenJDK 8 的命令如下：

```
$ sudo apt install openjdk-8-jdk
```

验证是否已安装。如果安装成功，会输出如下信息：

```
$ java -version
openjdk version "1.8.0_162"
OpenJDK Runtime Environment (build 1.8.0_162-8u162-b12-1-b12)
OpenJDK 64-Bit Server VM (build 25.162-b12, mixed mode)
```

(3) 安装 Python 的命令如下：

```
$ sudo apt install python3
```

（4）安装 MySQL 或 Mariadb 都可以运行。安装 MySQL 的命令如下：

```
$ sudo apt install -y mysql*
```

安装 Mariadb 的命令如下：

```
$ sudo apt install -y mariadb*
```

（5）配置 MySQL。启动 Mariadb 或 MySQL，需根据自己安装的 MySQL 选择命令：

```
systemctl start mariadb.service
systemctl start msyql.service
```

检查服务状态的命令如下：

```
systemctl status mariadb.service
systemctl status mysql.service
```

启动 MySQL，命令如下：

```
$sudo mysql
Welcome to the MariaDB monitor.  Commands end with ; or \g.
Your MariaDB connection id is 83
Server version: 10.3.31-MariaDB-0ubuntu0.20.04.1 Ubuntu 20.04

Copyright (c) 2000, 2018, Oracle, MariaDB Corporation Ab and others.

Type 'help;' or '\h' for help. Type '\c' to clear the current input statement.

MariaDB [(none)]>
```

创建用户，命令如下：

```
MariaDB [(none)]> create user 'test'@'localhost' identified by 'test1234
```

创建表，命令如下：

```
MariaDB [(none)]> create database bcos_browser;
```

将权限授予用户，命令如下：

```
MariaDB [(none)]> GRANT ALL PRIVILEGES ON bcos_browser.* TO 'test'@localhost IDENTIFIED BY '123456' WITH GRANT OPTION;
```

3. 获取安装包并进入目录

获取部署安装包，命令如下：

```
$ wgethttps://osp-1257653870.cos.ap-guangzhou.myqcloud.com/FISCO-BCOS/fisco-bcos-browser/releases/download/v2.2.5/browser-deploy.zip
```

解压安装包，命令如下：

```
unzip browser-deploy.zip
```

进入目录，命令如下：

```
cd browser-deploy
```

4. 修改配置

修改 browser-deploy 目录中的 common.properties 文件，配置内容如下：

```
[browser]
package.url=https://osp-1257653870.cos.ap-guangzhou.myqcloud.com/FISCO-BCOS/fisco-bcos-browser/releases/download/v2.2.5/fisco-bcos-browser.zip
mysql.ip=127.0.0.1  #根据实际mysql服务IP配置
mysql.port=3306  #根据实际mysql服务端口配置
mysql.user=test  #根据实际mysql用户名配置
mysql.password=123456  #根据mysql实际密码配置
mysql.database=bcos_browser
web.port=5100
server.port=5101
```

5. 部署

使用如下命令启动所有服务，当出现如图 8-1 所示的区块链浏览器部署成功的信息时，表示部署成功。

```
python3 deploy.py installAll
```

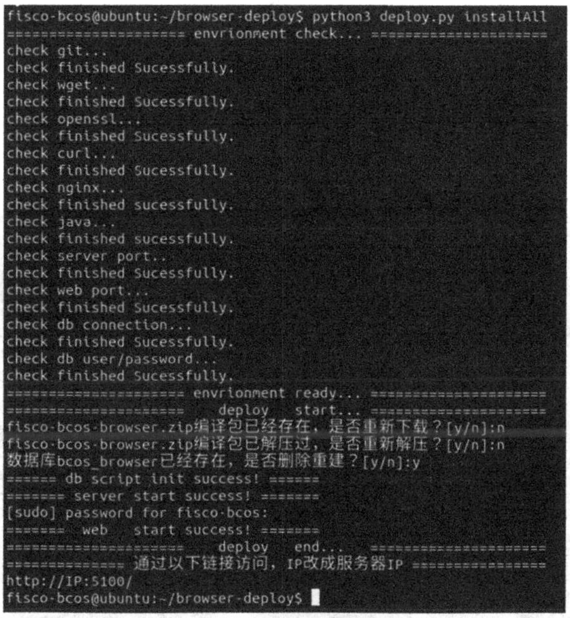

图 8-1　区块链浏览器部署成功

除了以上命令，deploy.py 还包括诸多其他命令，如表 8-2 所示。

表 8-2　deploy.py 其他命令

命　　令	描　　述
python3 deploy.py stopAll	停止所有服务
python3 deploy.py startAll	启动所有服务
python3 depoloy.py help	查看帮助

如果出现如图 8-2 所示的报错信息，说明机器预安装了 Nginx 服务。

```
Traceback (most recent call last):
  File "/root/fisco/browser-deploy/deploy.py", line 66, in <module>
    do()
  File "/root/fisco/browser-deploy/deploy.py", line 14, in do
    commBuild.do()
  File "/root/fisco/browser-deploy/comm/build.py", line 17, in do
    startWeb()
  File "/root/fisco/browser-deploy/comm/build.py", line 235, in startWeb
    res2 = doCmd("sudo " + res["output"] + " -c " + nginx_config_dir)
  File "/root/fisco/browser-deploy/comm/utils.py", line 91, in doCmd
    raise Exception("execute cmd  error ,cmd : {}, status is {} ,output is {}".format(cmd,status, output))
Exception: execute cmd  error ,cmd : sudo /usr/local/nginx/sbin/nginx -c /root/fisco/browser-deploy/comm/nginx.conf, status is 1 ,output is nginx: [emerg] open() "/etc/nginx/mime.types" failed (2: No such file or directory) in /root/fisco/browser-deploy/comm/nginx.conf:13
```

图 8-2　报错信息

通过 find 命令找到 mime.types，并放入指定文件可解决此问题：

```
find / -name mime.types
/usr/local/lib/python3.9/test/mime.types
/usr/local/nginx/conf/mime.types
mkdir /etc/nginx
cp /usr/local/nginx/conf/mime.types /etc/nginx/
```

重启所有服务即可解决，操作如下：

```
python3 deploy.py stopAll
python3 deploy.py startAll
```

通过访问"http://{指定 IP}:5100"查看区块链浏览器，当出现如图 8-3 所示区块链浏览器第一次登录界面时，表示启动成功。

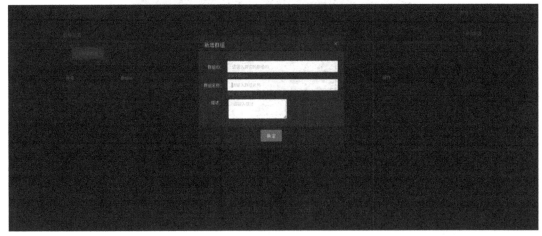

图 8-3　区块链浏览器第一次登录界面

6. 使用浏览器

在"新增群组"中添加群组 ID 和群组名称（示例 ID 为 1，名称为 test），如图 8-4 所示表示创建群组成功。

单击"配置"→"节点配置"菜单命令，可以进入配置节点界面，在其中可以加入节点相关信息，如图 8-5 所示表示新增示例节点。

图 8-4　创建群组成功

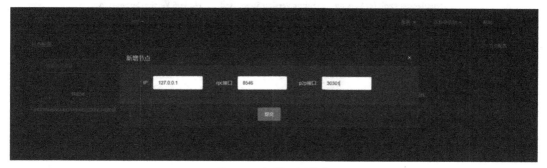

图 8-5　新增示例节点

当测试链的 3 个节点都配置成功后，通过如图 8-6 所示的区块链概览信息界面查看区块链概览信息。

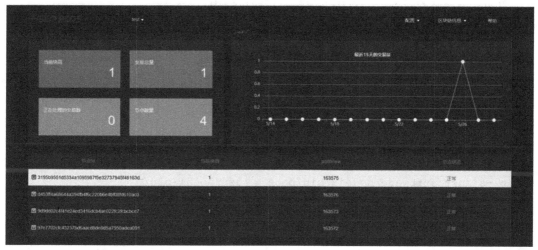

图 8-6　区块链概览信息界面

【课堂训练 8-1】请简述你对 FISCO BCOS 的区块链浏览器的理解。
【课堂训练 8-2】区块链浏览器的搭建流程是什么？

8.1.3　Hyperledger Fabric 监控工具的安装与使用

操作员可以使用 Hyperledger Explorer 实现对 Fabric 网络的监控。Hyperledger Explorer 是一个简单易用，可以用于监视区块链网络活动的开源工具，目前 Hyperledger Explorer 可以支持包括 Fabric、Iroha 等多种区块链，并且支持在 Linux、MacOS 和 Ubuntu 系统下安装和使用。Hyperledger Explorer 有两种搭建方式，一种是通过 docker 和 docker Compose 搭建的，另一种是通过多种控件搭建的，由于通过控件搭建 Hyperledger Explorer 监控平台较为复杂，本书将着重介绍通过 docker 搭建的过程。在搭建平台前，我们需要确保 Fabric 联盟链网络已部署完成。

我们在部署之前可以看一下官方文档前面的版本对应说明，了解浏览器的版本对 Fabric 各个版本的支持情况、支持的 node 版本等。浏览器版本支持情况如图 8-7 所示。

Hyperledger Explorer Version	Fabric Version Supported	NodeJS Version Supported
v1.1.4 (Jan 29, 2021)	v1.4 to v2.2	^12.13.1, ^14.13.1
v1.1.3 (Sep 28, 2020)	v1.4.0 to v2.2.0	12.16.x
v1.1.2 (Aug 12, 2020)	v1.4.0 to v2.2.0	12.16.x
v1.1.1 (Jul 17, 2020)	v1.4.0 to v2.1.1	12.16.x
v1.1.0 (Jul 01, 2020)	v1.4.0 to v2.1.1	12.16.x
v1.0.0 (Apr 09, 2020)	v1.4.0 to v1.4.8	10.19.x
v1.0.0-rc3 (Apr 01, 2020)	v1.4.0 to v1.4.6	10.19.x

图 8-7 浏览器版本支持情况

在 Linux 上安装 Node.js 时可直接使用已编译好的包。Node 官网已经把 Linux 下载版本更改为已编译好的版本了，直接下载解压后即可使用：

```
# wget https://nodejs.org/dist/v10.9.0/node-v10.9.0-linux-x64.tar.xz    // 下载
# tar xf  node-v10.9.0-linux-x64.tar.xz         // 解压
# cd node-v10.9.0-linux-x64/                    // 进入解压目录
# ./bin/node -v                                 // 执行 node 命令，查看版本
v10.9.0
```

解压文件的 bin 目录下包含了 node、npm 等命令，可以使用 ln 命令来设置软连接：

```
ln -s /usr/software/nodejs/bin/npm   /usr/local/bin/
ln -s /usr/software/nodejs/bin/node  /usr/local/bin/
```

在 Ubuntu 上安装 Node.js 需在 GitHub 上获取 Node.js 源码，命令如下：

```
$ sudo git clone https://github.com/nodejs/node.git
Cloning into 'node'...
```

修改目录权限：

```
$ sudo chmod -R 755 node
```

使用 "./configure" 创建编译文件：

```
$ cd node
$ sudo ./configure
$ sudo make
$ sudo make install
```

查看 node 版本：

```
$ node --version
v0.10.25
```

使用 Ubuntu apt-get 命令安装 Node.js（一般不使用这个命令，安装的版本较低）：

```
sudo apt-get install nodejs
sudo apt-get install npm
```

1. 创建配置文件

Hyperledger Explorer 在启动前需要配置相关的配置文件，用于连接正在运行中的区块链网络、设置用户连接的账号名和密码、连接 Fabric 网络的密钥内容。这里需要配置 3 个文件，分别为连接网络的配置文件 test-network.json、启动 Hyperledger Explorer 监控项目的配置文件 docker-compose.yaml，以及 Hyperledger Explorer 项目的全局配置文件 config.json。首先是创建连接 Fabric 网络的配置信息与管理员的账号名与密码，命名为 "test-network.json"，内容如下：

```
# mkdir -p ~/fabric/hyperledger-explorer
# cd ~/fabric/hyperledger-explorer
```

接着开始编写 test-network.json 文件：

```
{
    "name": "test-network",
    "version": "1.0.0",
    "client": {
        "tlsEnable": true,
        "adminCredential": {
            "id": "exploreradmin",
            "password": "exploreradminpw"
        },
        "enableAuthentication": true,
        "organization": "Org1MSP",
        "connection": {
            "timeout": {
                "peer": {
                    "endorser": "300"
                },
                "orderer": "300"
            }
        }
    },
    "channels": {
        "mychannel": {
```

```
                "peers": {
                    "peer0.org1.example.com": {}
                }
            }
        },
        "organizations": {
            "Org1MSP": {
                "mspid": "Org1MSP",
                "adminPrivateKey": {
                    "path":
"/tmp/crypto/peerOrganizations/org1.example.com/users/Admin@org1.example.com
/msp/keystore/priv_sk"
                },
                "peers": [
                    "peer0.org1.example.com"
                ],
                "signedCert": {
                    "path":
"/tmp/crypto/peerOrganizations/org1.example.com/users/Admin@org1.example.com
/msp/signcerts/Admin@org1.example.com-cert.pem"
                }
            }
        },
        "peers": {
            "peer0.org1.example.com": {
                "tlsCACerts": {
                    "path":
"/tmp/crypto/peerOrganizations/org1.example.com/peers/peer0.org1.example.com
/tls/ca.crt"
                },
                "url": "grpcs://peer0.org1.example.com:7051"
            }
        }
    }
}
```

在上述 JSON 配置文件中，client 对象的 adminCredential 为系统登录的管理员账号名和密码，channels 对象为 Hyperledger Explorer 项目监控的通道信息，organizations 为将监控的组织成员，peers 为将监控的节点信息。这里我们主要监控了名称为 mychannel 的通道和 Org1 的组织与节点。需要注意的是，在配置连接组织与节点时都有相关身份认证的证书路径信息配置，这是由于在通过 Hyperledger Explorer 访问 Fabric 网络时，网络会对请求做相关的证书认证（包括公私钥与 TLS 证书），所以这里的路径必须配置为正确的连接信息，否则将无法访问 Fabric 网络中对应的组件。

在完成 test-network.json 文件的配置后,需要配置项目启动的配置文件 docker-compose.yaml,内容如下:

```yaml
 version: '2.1'
 volumes:
  pgdata:
  walletstore:

 networks:
  mynetwork.com:
    external:
      name: docker_test

 services:
  explorerdb.mynetwork.com:
    image: hyperledger/explorer-db:latest
    container_name: explorerdb.mynetwork.com
    hostname: explorerdb.mynetwork.com
    environment:
      - DATABASE_DATABASE=fabricexplorer
      - DATABASE_USERNAME=hppoc
      - DATABASE_PASSWORD=password
 healthcheck:
      test: "pg_isready -h localhost -p 5432 -q -U postgres"
      interval: 30s
      timeout: 10s
      retries: 5
    volumes:
      - pgdata:/var/lib/postgresql/data
    networks:
      - mynetwork.com
  explorer.mynetwork.com:
    image: hyperledger/explorer:latest
    container_name: explorer.mynetwork.com
    hostname: explorer.mynetwork.com
    environment:
      - DATABASE_HOST=explorerdb.mynetwork.com
      - DATABASE_DATABASE=fabricexplorer
      - DATABASE_USERNAME=hppoc
      - DATABASE_PASSWD=password
      - LOG_LEVEL_APP=debug
      - LOG_LEVEL_DB=debug
```

```
      - LOG_LEVEL_CONSOLE=info
      - LOG_CONSOLE_STDOUT=true
      - DISCOVERY_AS_LOCALHOST=false
    volumes:
- ./examples/net1/config.json:/opt/explorer/app/platform/fabric/config.json
retries: 5
- ./examples/net1/connection-profile:/opt/explorer/app/platform/fabric/connection-profile
      - /usr/fabric/manual-deploy/organizations:/tmp/crypto
      - walletstore:/opt/explorer/wallet
    ports:
      - 8080:8080
    depends_on:
      explorerdb.mynetwork.com:
        condition: service_healthy
    networks:
      - mynetwork.com
```

在 docker-compose.yaml 的配置文件中定义了两个网络组件，分别为基于 Postgres 数据库技术的 docker 容器"explorerdb.mynetwork.com"和 Explorer 的前端用户界面展示容器"explorer.mynetwork.com"。

由于 Hyperledger Explorer 项目相对于 eth-netstats 监控工具的复杂度较高，所以有诸多监控数据需要通过数据库进行存储，这里 Hyperledger Explorer 采用了 Postgres 技术作为支撑，在配置文件中已经对 Postgres 数据库做了相应的配置，其中数据库的管理员账号名和密码分别为 hppoc 和 password，其他参数请大家在实操时严格按照上述标准进行配置。

在数据库配置完成后，Hyperledger Explorer 的另外一个容器"explorer.mynetwork.com"将负责项目的完整流程，包括前端页面显示、访问监控的 Fabric 区块链网络、数据库相关操作的交互等。其中需要注意的是，在此容器配置项的 volumes 参数中配置了包括用于连接 Fabric 网络的配置文件"test-network.json"、项目整体配置文件"config.json"，以及最关键的 Fabric 网络中成员的密钥管理目录"organization"，见上述配置文件中加粗的部分。

与区块链网络搭建时的配置类似，需要将此密钥管理目录映射到容器中使用，本书中的 organizations 文件夹的路径为"~/fabric/manual-deploy/organizations"，大家在实操时需要将此路径替换为实际路径，切勿直接拷贝。

在 docker-compose.yaml 的配置文件中另外一个关键配置为 networks 参数，由于 Hyperledger Explorer 项目需要监控的 Fabric 测试网络有独立的虚拟局域网 docker-test，所以在这里需要对启动的两个容器做特殊配置，使节点加入 docker-test 局域网中，保证节点能在同一局域网中相互连接：

```
  mynetwork.com:
    external:
      name: docker_test
```

接下来要将 Hyperledger Explorer 启动项目的配置文件的名称定义为 config.json，由 docker-compose.yaml 配置文件定义，此配置文件需要存放在 connection-profile 目录下，操作如下：

```
mkdir -p /usr/hyperldger-explorer/connection-profile
cd /usr/hyperldger-explorer/connection-profile
```

开始编写 config.json 文件：

```
{
    "network-configs": {
        "test-network": {
            "name": "Test Network",
            "profile": "./connection-profile/test-network.json"
        }
    },
    "license": "Apache-2.0"
}
```

2. 启动项目

在以上配置文件配置完成后就可以通过 docker-compose 启动 Hyperledger Explorer 监控项目，命令如下：

```
# cd /usr/hyperldger-explorer
# docker-compose -f docker-compose.yaml up
```

如果有如图 8-8 所示的输出，则表示启动成功。

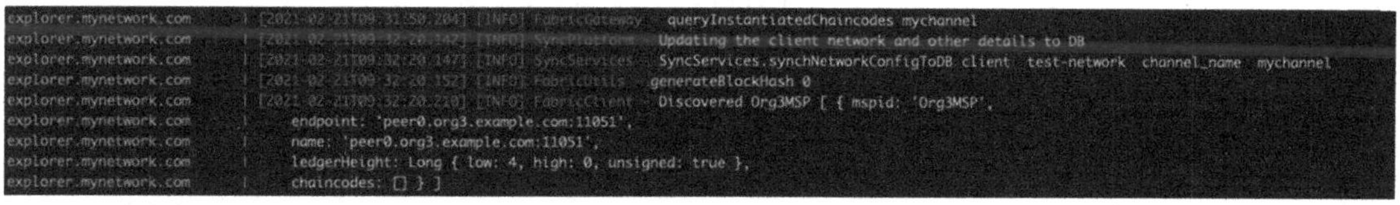

图 8-8 启动成功

3. 访问 Hyperledger Explorer 并查看网络信息

在完成上述操作后即可通过浏览器登录网站，访问链接"http://localhost:8080"，会有如图 8-9 所示的登录提示。

这里我们可以输入之前配置文件 test-network.json 中的管理员账号名（exploreradmin）和密码（exploreradminpw）进行登录。登录成功后会跳转到 Explorer 系统的仪表盘页面，如图 8-10 所示。

图 8-9　登录提示

图 8-10　Explorer 系统仪表盘页面

【课堂训练 8-3】请简述你对 Hyperledger Explorer 监控工具的理解。
【课堂训练 8-4】Hyperledger Explorer 监控工具的安装流程是什么？

任务实施

8.1.4　部署智能合约并在区块链浏览器中查看

1. 启动 Console 控制台

进行 Fisco Bcos，执行以下命令：

```
#cd ~/fisco/console && bash start.sh
```

当有如图 8-11 所示的输出时，表示操作正确。

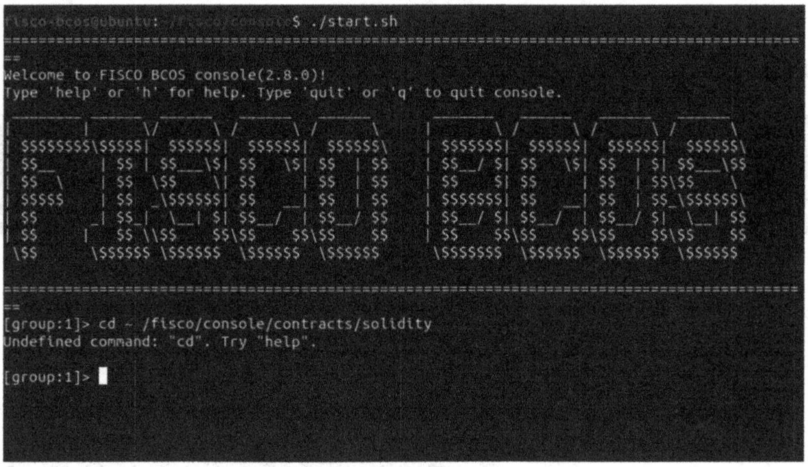

图 8-11　成功启动控制台

2. 在 Console 控制台中创建智能合约

第 1 步，创建智能合约。在指定目录下创建名为"Asset"的智能合约：

```
#/home/fisco-bcos/fisco/console/contracts/solidity
#vim Asset.sol
```

在 Asset.sol 文件中编写如下内容：

```solidity
pragma solidity ^0.4.21;
contract Asset {
    address public issuer;
    mapping (address => uint) public balances;
    event Sent(address from, address to, uint amount);
    constructor() {
        issuer = msg.sender;
    }
    function issue(address receiver, uint amount) public {
        if (msg.sender != issuer) return;
        balances[receiver] += amount;
    }
    function send(address receiver, uint amount) public {
        if (balances[msg.sender] < amount) return;
        balances[msg.sender] -= amount;
        balances[receiver] += amount;
        emit Sent(msg.sender, receiver, amount);
    }
}
```

在 Asset 合约中有 issue 和 send 函数，用户调用的是 issue 和 send 方法。如果 issue 被不是创建该合约的账号调用，则不会起任何作用。send 可以被任何账号调用并发送以太币给另外一个账号。

第 2 步，在 FISCO BCOS 的 Console 命令行下，输入 deploy Asset 命令部署智能合约，如图 8-12 所示。

```
[group:1]> deploy Asset
transaction hash: 0xa4e268b103164dfc8b1da7c65ce5378be963047ae4e6295d5cbb763311e6ae46
contract address: 0xb7a5314c8973f71c5d2d1e1be17b5a8003fcccaa
currentAccount: 0xdf8083d1ed9f6e242490e7702dc555698f184861
```

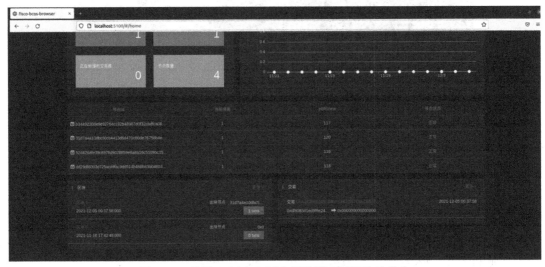

图 8-12　部署智能合约

接下来，使用 FISCO BCOS 浏览器查看区块链的状态，获取区块链中的账号信息，如图 8-13 所示。

图 8-13　使用 FISCO BCOS 浏览器查看区块链状态

（1）进入目录：

```
# cd  ~/go/src/github.com/hyperledger/fabric/scripts
```

（2）创建 channel 频道文件：

```
configtxgen -profile TwoOrgsChannel -outputCreateChannelTx ./channel-artifacts/mychannel.tx -channelID mychannel
```

（3）创建 channel 命令，首先进入 cli 容器：

```
docker exec -it cli bash
```

（4）创建 channel：

```
peer channel create -o orderer.example.com:7050 -c mychannel -t 50s\
-f ./channel-artifacts/mychannel.tx
```

（5）加入该 channel：

```
peer channel join -b mychannel.block
```

（6）安装智能合约命令：

```
peer chaincode install -n mychannel -p/ github.com/hyperledger/fabric/aberic/chaincode/go/chaincode_ example02 -v 1.0
```

（7）实例化 chaincode：

```
peer chaincode instantiate -o orderer.example.com:7050 -C mychannel -n mychannel -c '{"Args":["init","A","10","B","10"]}' -P "OR ('Org1MSP.member')" -v 1.0
```

对这里的-c 参数进行解释：-c 参数指定了智能合约初始化时传入的参数内容，所以这里就是智能合约 Init 方法接收的参数。创建 key 为 A 的账号并给该账号一个值为 10 的资产，同时创建一个 key 为 B 的账号并也给该账号一个值为 10 的资产。

3. 转账并在区块链浏览器中查看

（1）调用智能合约的 query 方法进行查询：

```
peer chaincode query -C mychannel -n mychannel -c '{"Args":["query","A"]}'
```

（2）调用智能合约的 invoke 方法，使 A 向 B 转账 5：

```
peer chaincode invoke -C mychannel -n mychannel -c '{"Args":["invoke","A","B","5"]}'
```

（3）在 Hyperledger Explorer 中查看区块信息，如图 8-14 所示。

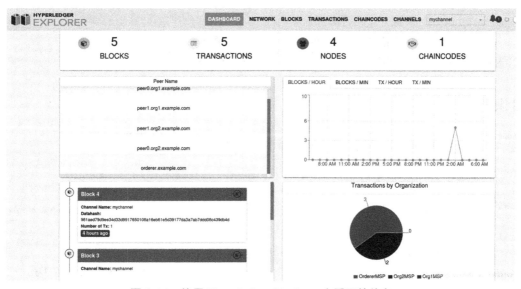

图 8-14　使用 Hyperledger Explorer 查看区块信息

任务评价

填写任务评价表，如表 8-3 所示。

表 8-3 任务评价表

工作任务清单	完成情况
学习区块链浏览器的基本概念	
配置 FISCO BCOS 区块链浏览器	
Hyperledger Fabric 监控工具的安装与使用	

任务拓展

【拓展训练 8-1】请列举出几种搭建 Hyperledger Explorer 的方法。

任务 8.2　监控区块链网络

任务情景

【任务场景】

在区块链中，使用区块链浏览器能更加清晰地看清楚当前区块的信息，接下来就来创建链码并使用 FISCO BCOS 浏览器和 Hyperledger Explorer 检查区块链网络状态。

【任务布置】

（1）使用 FISCO BCOS 浏览器检查区块链网络状态。
（2）使用 Hyperledger Explorer 检查区块链网络状态。

知识准备

8.2.1　FISCO BCOS 浏览器区块链网络状态检查方法

1. 通过 Console 控制台监控

（1）查看共识节点列表。

```
# [group:1]> getSealerList
[3195b9551d5334a1095987f5e32737945f48163d5f7d932c8c18fd95c7f1a
  db7306b7ea9d22bb74aed627b4415b1e22dc8dc429dec2849ceec930494721caf81,
97e7702cfc43237bd6aacd8de8d5a7950adea0910b51fc8cfd0efc18b03e3a06f3518d4e88b1
b860bc64df4ca25db3a692e12bc26426805a3ec2910f7848122b,9d9dd02c4f41e24ed3416d
cb4ae022fc2fcbcbce745c95243370f75e5847875ee3cd49327e92aa1869e0b2d03ea0e6de46
b7a239ae94b3df30b6dc81196fe903, d453ff4a68644a394fb4f6c220b6e4bf08fd610ac082
a0c6e1c5dcd3725f84043839f6f4018c97f19c76ba1810fcd07c339e5eda6c597f1d67c38b01
e988fbc6]
```

（2）获取 pbft 视图。

```
# [group:1]> getPbftView
166416
```

（3）查看共识状态。

```
# [group:1]> getConsensusStatus
ConsensusInfo{
    baseConsensusInfo=BasicConsensusInfo{
        nodeNum='4',
        nodeIndex='3',
        maxFaultyNodeNum='1',
        sealerList=[......],
        consensusedBlockNumber='2',
        highestblockNumber='1',
        groupId='1',
        protocolId='65544',
        accountType='1',
        cfgErr='false',
        omitEmptyBlock='true',
......
```

（4）查看同步状态。

```
[group:1]> getSyncStatus
SyncStatusInfo{
    isSyncing='false',
    protocolId='65545',
    genesisHash='......',
    blockNumber='1',
    latestHash='......',
    knownHighestNumber='1',
    txPoolSize='0',
    peers=[......]
```

2. 通过浏览器查看

（1）查看节点连接状态。通过"配置"→"节点配置"菜单命令，查看区块节点连接配置信息，如图 8-15 所示。

（2）查看网络区块状态。通过"区块链信息"→"查看区块"菜单命令，查看网络中所有区块信息，如图 8-16 所示。

（3）查看网络交易信息。通过"区块链信息"→"查看交易"菜单命令，查看网络中所有交易信息，如图 8-17 所示。

图 8-15　查看节点连接状态

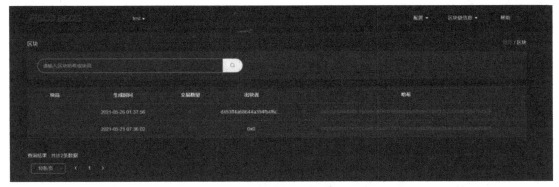

图 8-16　查看所有区块信息

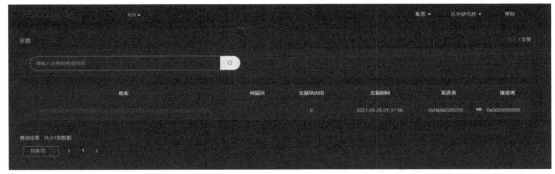

图 8-17　查看所有交易信息

8.2.2　Hyperledger Explorer 区块链网络状态检查方法

通过 Hyperledger Explorer 可以查看 Fabric 网络的状态，通过之前部署的 Fabric 网络，我们重点观察 mychannel 通道信息。

（1）单击导航栏中的"NETWORK"菜单命令，查看 mychannel 通道包含的节点的详细信息，如图 8-18 所示。

（2）单击导航栏的"BLOCKS"和"TRANSACTIONS"菜单命令，可以查询在指定时间段内的区块和交易情况，如图 8-19 所示为指定时间段内的区块信息。

（3）单击导航栏的"CHANNELS"菜单命令，可以查询指定通道的信息概览，如图 8-20 所示。

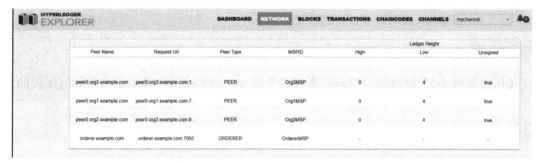

图 8-18　mychannel 通道节点信息

图 8-19　指定时间段的区块信息

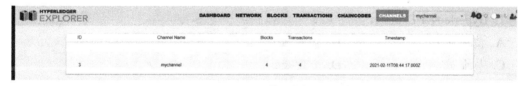

图 8-20　通道信息概览

【课堂训练 8-5】请简述你对 Hyperledger Explorer 区块链浏览器的理解。

【课堂训练 8-6】Hyperledger Explorer 区块链浏览器的搭建流程是什么？

任务评价

填写任务评价表，如表 8-4 所示。

表 8-4　任务评价表

工作任务清单	完成情况
使用 FISCO BCOS 浏览器检查区块链网络状态	
使用 Hyperledger Explorer 检查区块链网络状态	

任务拓展

【拓展训练 8-2】区块链浏览器分为哪三个部分？请简述区块链浏览器是如何配置的。

归纳总结

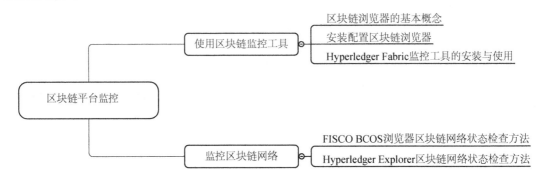

测试习题

一、填空题

1. 区块链浏览器是指提供用户_____的工具。
2. FISCO BCOS 浏览器配置模块主要包括_____、_____、_____、_____。
3. Hyperledger Explorer 支持_____、_____等多种区块链。

二、多项选择题

1. Hyperledger Explorer 具有（　　）等特点。
   A．使用简便　　　　　　B．功能强大
   C．易维护　　　　　　　D．方便查询
2. 区块链浏览器在查询时经常要用到的术语有（　　）。
   A．块哈希　　　　　　　B．块高度
   C．交易费　　　　　　　D．挖矿难度

技能训练

1. 编码智能合约，在 FISCO BCOS 上显示合约信息。
2. 使用 Go 语言编写智能合约，在 Hyperledger Fabric 上查看信息。